静思园珍藏·木雕牛腿

Jingsi Garden Collection : Carved Corbels

陈金根◎主编

上海人民美術出版社

《静思园珍藏·木雕牛腿》编委会

陈金根，江南最大的私家园林——静思园园主，1954年生。现任苏州市政协常委，同济大学课程顾问教授、苏州科技学院客座教授，中国文物学会顾问，中国观赏石协会副会长，世界遗产研究委员会客座研究员。

目　录

Contents

前言

苏州的陈金根先生是位造园家，他的私家园林静思园被誉为当代江南最大的私家园林，享名海内外。陈先生还是一位收藏家，他收藏的灵璧石等奇石，在全国数一数二，赏石界有“南陈北柴”的说法，即南方玩石头玩得最大的是陈金根，北方则是天津的柴宝成。这方面的成果已有《静思园藏石》出版问世。现在即将出版的《静思园珍藏·木雕牛腿》，向世人展示的则是他收藏的又一个内容：古建筑中的木雕牛腿艺术。

所谓牛腿，是江南一带民间对房屋建筑上的一种叫做雀替的构件的通俗称呼。在这本书中它的指代含义还更广一点。雀替，本来只是一根木棍，在房屋廊檐下起力的撑托作用；随着建筑的发展变化，它的构造越来越复杂，逐渐变成了类似三角形的一种雕刻艺术，其作用也由原来的力撑变成了美的观赏，或者二者兼而有之。牛腿，雕刻的内容丰富多彩，神仙僧侣、民间传说、花木鸟兽、戏文故事等等无所不包，可以说，它展现的是民风民俗，体现的是民情民意，包含的是大千世界。雕刻的手法也越来越精到，浮雕、透雕、镂雕、阴刻等各种技艺无所不用，展现的是雕刻艺术的多姿多彩，美轮美奂。

陈金根先生酷爱艺术，也酷爱收藏。他倾二十年之力，走遍浙江、安徽、江西、江苏民间，广泛收集房屋古建筑上的各种雕刻艺术构件。单单牛腿就收藏一两千对之多，洋洋大观，美不胜收。今天，他选出其中的一部分拍照出版，向世人展现牛腿艺术的内在和外在之美。在此之前，木雕艺术方面的书我见到过，但单就牛腿结集出版，则未曾有。因此这本书的出版有首创之功。这本书还有一个重要特点，它不单单是牛腿照片的陈列，而且对每对牛腿的内容都进行了详尽的解读，充满了文化内涵。读这本书，不仅可以得到美的享受，而且可以从中读到许多历史文化知识，了解到许多社会风情。这是一本图文并茂的书，是一本艺术和内容兼美的书，值得一读。

为此，我热诚祝贺这本书的出版！

谢辰生

2012年9月

精美绝伦话牛腿

魏嘉瓒

“牛腿?！牛腿是什么?”看到书名，有的读者可能会发出这样的疑问。

其实，此前，我对“牛腿是什么”也知之不详，只是在园林建筑的研究中触及过这个词语，知道它是古建筑上一个小的木构件，至于具体所指以及它的演变、特点、作用等等诸多问题并未深究过。后来应静思园主人陈金根先生之约编写这本书，才开始进行较为深入的研究和调查，有了较多关于“牛腿”的知识。

牛腿，虽然只是一个小的建筑构件，但它有着悠久的历史，饱含着丰富的历史文化和民俗风情，更有着极高的审美艺术价值。它是当今古玩界、收藏界的新宠。陈金根先生倾二十年之力，从江浙皖赣诸省购藏明清至民国时期的牛腿一千多对，现选出四百多对出版面世。虽然这区区四百多对，相对于遍布江南大地鳞次栉比的屋宇上不可胜计的牛腿来说，只不过是沧海一粟，但通过这些牛腿，可以窥豹一斑，足够展现这种木雕艺术的风雨春秋和它蕴含着的大千世界，也足以让读者体味到传统木雕艺术的文化价值和审美意义。

一

牛腿在建筑学上的专业术语叫雀替。有的地方又叫撑拱、斜撑、梁托、梁垫、托木、托座、插角，宋朝叫角替、绰幕枋，清朝始称雀替。当今，南方俗称牛腿，北方俗称马腿。它是位于古建筑屋檐下的檐柱与横梁交点角落处伸向两端的两块撑木，一般呈对称形制，多为不规则三角形，好像一对鸟的翅膀在笔直的檐柱上端向两边舒展。其主要作用，从物质层面上看，一是加大屋顶的出檐，达到遮挡风雨的目的；同时又填充了屋檐下的建筑空白，使建筑物有张力感；再是将上方的重力通过牛腿传到檐柱上，使建筑物稳定牢固。从精神层面上看，当牛腿从当初单一的实用功能逐步演变到实用功能和观赏功能相结合及至以观赏功能为主之后，它就成了独立的多姿多彩、精美绝伦的工艺类别，因而也极大地增加了建筑物的审美品位；甚至更因为它所用木料不同、雕刻内容各异、雕工艺术水准高下而成为房屋主人不同身价的象征。因此，在古建筑中，牛腿就成了不可或缺之物。正是由于牛腿被广泛应用，它的大小、横竖等又不完全一样，具体呈现出的形状、风格也千差万别，因此，对其名称，不同时代、不同地域叫法也就不尽相同，甚至一些关于建筑的专业书籍说法也不一致。如有的说牛腿和雀替不是同一种构件，而是和横梁垂直的叫牛腿，和横梁平行的叫雀替；也有的说雀替既有承受力的作用又有装饰作用，而牛腿只有装饰作用没有传承力的作用，等等。这些不同说法的出现，或许是因为地域习俗的不同、具体位置指认的不同所致。但是，它们的基本形制却大同小异。如果说放在建筑物上还可以区别出来哪个叫牛腿，哪个叫雀替，那么，离开了建筑物，单单把它们当做艺术品放在一起，就很难有所区别。因此本文还是从俗随众，一律以牛腿视之，对个别差异的说法，姑且置之不论，不加辨析深究了。

二

牛腿是木雕，我国的木雕艺术有着悠久的历史。

我们的祖先对木头有着特别偏爱的情结，当“人猿相揖别，只几个石头磨过，小儿时节”，先人们就是“构木为巢”，赖以生存的。“山木为良将所度，经书为文士所泽”，“贤主之用人也，尤巧匠之制木也”，“良禽择木而栖，贤臣择主而侍”，这些都是古人借木说理，以木抒情的证明。而远古时代燧人氏“钻木取火”，更说明木头对人类生存延续的生命攸关，而恰恰是“钻木取火”，正可视之为木雕艺术的滥觞。后来先人们“断木为杵，掘地为臼”，“刳木为舟，削木为楫”，“弦木为弓，剡木为矢”，说明他们处处以木为用，而在实用的过程中也在探索着、实践着、推动着向艺术功能的过渡和演化。据考证，我国最早的木雕实物是距今7000年前新石器时期辽宁出土的木雕鸟和浙江河姆渡出土的木雕鱼。商周时期，天子有六工，“木工”为其一。湖北出土的商朝棺椁已经有阴刻的花纹。在西周初年的原始建筑遗址中，发现过檐下椽木的雕刻遗迹。春秋时期出了木工巨匠鲁班，他是当时有名的建筑师和雕刻家。他以精湛的木工技艺，受到鲁国上至公卿大夫下至黎民百姓的尊重，也成了后世木工界公认的祖师爷。相传他雕刻的凤凰“翠冠云耸”，生动逼真。这一时期的《韩非子》也有刻木为像的记载。唐朝杜牧《阿房宫赋》记述了秦始皇建造的阿房宫“廊腰缦回，檐牙高啄；各抱地势，钩心斗角”，可见当时木雕技艺之高。汉代的建筑木雕也十分精细，后汉《鲁灵光殿赋》就有这样的描写：“云粢藻棁，龙桷雕镂。飞禽走兽，因木生姿。”唐代的木雕艺术达到了新的高度，为此国家专门设立了工部，管理全国的工匠。这时的木雕艺术主要表现在宗教建筑和造像上，保存到现在的山西忻州南禅寺和五台山佛光寺两座唐代建筑，其内部加工之精细，就是木雕成就的突出表现。宋朝木雕技艺进一步发展，当年精致的木雕佛像，今天在山西境内仍有大量的保存。宋朝的建筑装饰木雕则大量地用于殿堂楼阁、庙宇民居。李诫编修的《营造法式》一书的问世，更说明这时的建筑技艺有了新的要求和标准，书中详细记载了建筑木雕的做法和图样。历史发展到明清，木雕艺术已经完全成熟，并且在建筑装饰、家具摆设、佛教造像、文化用品等各个领域得到广泛应用。今天我们能看到的古建筑中精美的木雕艺术作品，无论是皇家宫殿、禅家寺庙，还是民间宅院，基本上都是明清时期的创作。在这些历史遗留的建筑艺术中，无论是题材内容、表现形式、雕刻技艺，还是建筑的整体结构、局部安排，都达到了建筑审美的极高标准。而且，明清两朝出现了众多建筑木雕名家，仅苏州而论，就有明朝建造天安门的香山匠人蒯祥和清末民初又一位香山匠人、《营造法原》的作者姚承祖，他们亦建亦雕，

禄寿吉祥

献寿

孟浩然踏雪寻梅

为社会留下了千秋不朽的建筑艺术作品。纵观我国木雕艺术的发展史，它诚然和经济、政治的社会发展有关，和人们的艺术需求有关，和雕刻的其他艺术门类的发展有关，但尤其和建筑艺术的发展密切相关。可以说，有建筑就有木雕，一部建筑史也就是一部木雕史。

中华民族向来对土木情有独钟，“耕耘为食”、“土木为居”的大地文化是中国建筑的重要特征。以中国历史之悠久、地域之广袤、人口之众多，建筑木雕的应用不仅面广量大，而且花样繁多，五彩缤纷。按照建筑行业的专业分类，建筑有大木作、小木作、雕木作。雕木作就是建筑木雕，它的应用也十分广泛，梁可以雕（所谓“雕梁画栋”可证），柱可以雕，檩枋可以雕，门窗可以雕，无处不可雕。牛腿就是诸多建筑木雕类型中的一种。按中国传统建筑的习惯，屋檐下构件部分的雕刻，是展示建筑雕刻的主要部位。牛腿就恰恰处在建筑物的屋檐下部，这个位置非常醒目，是室外和室内联系的过渡地带，也是视角空间最集中的地方，进庭院即可看到，这里的雕刻最能让人看出主人的地位和财富，因此它是一个标志性的木雕构件，历来受到人们的青睐。

牛腿本身也有一个发展演变的过程，在漫长的中华建筑史中，牛腿是一种成熟较晚的构件和制式。虽然它的雏形可以见诸魏晋南北朝，但唐代的建筑物很少看到牛腿，直到宋代，它也未成为一种重要的构件，只不过是斜撑于梁和檐柱之间的木杆，主要起力的支撑作用，装饰的作用很小，并不受人注意。到了明朝初期，牛腿上面还是没有雕饰，其形状就像壶瓶的嘴。至明朝中期，牛腿演变成倒挂龙形，并开始出现装饰性的阴刻曲线，继而慢慢出现卷草纹。随着时间的推移，牛腿开始用整块的木料制作，并逐渐出现浮雕等工艺；构图和形状也趋向多样化，它原来的实用功能也逐渐淡化，而装饰功能逐渐突出，及至二者兼备。这时，它开始成为独立的艺术品。清朝，牛腿进一步发展，画面日渐丰富多彩，美感日益闪亮耀眼，它成了最能发挥雕工技艺水平的木雕类型，花工越来越多，水准越来越高，难度也越来越大。至清代中后期，牛腿的雕刻达到鼎盛，艺人们交错地使用浮雕、镂雕、圆雕等各种技法将其雕刻得灿如锦绣。有时一只牛腿得花上数十工、上百工，不仅形象雕得精美绝伦，而且还雕出各种人物故事情节，使之成为中国古民居木雕艺术中最为亮丽的一双眼睛，成为建筑木雕的精华和珍品，保留至今的更是传世佳作。

三

牛腿，作为实用性和审美性相统一的建筑木雕精华，题材十分广泛，文化内涵十分深邃。

牛腿的内容和题材，主要是人物、走兽、花鸟、山水四个部分。这四个方面的题材有的是单独构成画面，更多的则是相互组合，以构成一个个有主题的内容，从而体现主人的思想和意愿。走兽如狮子、鹿、象、龙、虎、马、羊等，花鸟如牡丹、梅花、菊花、莲荷、石榴、桃、万年青、佛手、葡萄、灵芝、柿子、松柏、竹子、蝙蝠、仙鹤、喜鹊、绶带鸟、凤、孔雀、鸳鸯、鸡、鱼、蟾蜍等。牛腿雕刻走兽飞禽、花鸟鱼虫，一般不是为了构成自然风光图案，不是为了赏景，而是借用文学上的象征、比喻、借代、谐音等修辞手法，赋予它们深刻的思想内涵。所谓“图必有意，意必吉祥”是牛腿艺术的重要特色。向往、寻求吉祥是中国人亘古不变的心态。如狮子谐音“太师（官职）”，鱼谐音“余”，蝙蝠、佛手谐音“福”，羊谐音“阳”，鹿谐音“禄”，猴子谐音“侯（官位）”，柿子谐音“事”等；松柏、仙鹤、桃象征长寿，莲荷象征高洁，石榴象征多子，喜鹊象征喜事等；羊借代为吉祥的“祥”，梅花借代为“眉”等。由此赋予这些动物、植物以寓意，表达出许多吉祥美好的内容。如雕刻一大一小两个狮子，寓意就是“太师少师”；雕刻一龙一凤寓意就是“龙凤呈祥”，吉祥如意、恩爱美好；雕刻喜鹊在梅花树上鸣叫，寓意就是“喜上眉梢”；雕刻五只蝙蝠，寓意就是“五福临门”；佛手、桃、石榴，寓意就是“多福多寿多子”；雕刻梅兰竹菊，寓意就是品德高洁……全是吉祥、和乐的内容。人物题材是牛腿的精华部分，表现内容更加广泛。“和合二仙”、“八仙过海”、“刘海戏金蟾”最为常见。而一些神话传说、戏曲故事、历史典故、人文掌故等更是牛腿雕刻的经典篇章，如“麻姑献寿”、“观音送子”、“尧舜禅让”、“文王访贤”、“姜太公钓鱼”、“三英战吕布”、“煮酒论英雄”、“借东风”、“郭子仪上寿”、“薛平贵别窑”、“打马游街”、“四爱八爱”等精彩内容多不胜举。在浙江、安徽一带还有用整部历史典故雕刻的民居宅院。东阳一位民宅的主人，为了满足母亲看戏的嗜好，把整座庭院房屋雕成戏曲故事，屋檐下的牛腿则全部雕成戏中的人物。

计成在《园冶》中谈到建造园林所要表达的思想感情时说“三分匠，七分主人”，雕刻牛腿也是如此。一对牛腿要雕什么内容，想表达什么思想，归根到底要听主人的。主人的身份不同，譬如巨商大贾和文人雅士，官宦人家和山野村民，他们在牛腿中表达的思想寄托和情趣爱好都会有所不同。尽管如此，中华民族毕竟有以儒、道、释为核心内容的统一的中华文化，有统一的观察事物、为人处世的伦理观念和道德标准。因此，牛腿雕刻的内容更多的还是为老百姓所普遍接受的理想和追求，如对理想人物的向往和推崇，对理想生活的期待和赞颂等等。正是通过这些内容展示出牛腿的社会教化作用。

先说道教文化。道教是创建于东汉的中国本土教派，它的教义和人物在民间有着广泛的影响。八仙，是道教人物，他们是牛腿中最普通、最常见的内容。这八个仙人生活在不同的时代，有着差异很大的性格。但是铁拐李的乐善好施、解人危难，张果老的云游四方、劝化度人，吕洞宾的除暴安良、斩妖除怪，都为平民百姓所欢迎。汉钟离的闲散，何仙姑的高深，蓝采和的玩世不恭，韩湘子的狂放善饮，曹国舅的志在清虚，都更具有道家人物的个性特点，也很为老百姓所喜爱。其他如戏金蟾的刘海、赐福的天官，长期跟随老子的青龙、白虎、朱雀、玄武，都是道教中的精英；竹林七贤、梅妻鹤子的林和靖，是道家思想范畴中的隐逸之士，更是弃官归隐的士子们楷模性的人物。因此这些内容和人物在牛腿中占有一定数量。

再说佛教文化。佛教是东汉时由印度传来的外来文化，但它一传入中国，就迅速中国化。它主张“众生平等”、“超脱生死”，劝人积德为善，在中国有强大的影响，民间有众多的信徒。它同样是牛腿的重要内容。如给人送子、带来福音、深受世人喜爱的“观音菩萨”，主恩爱、友情、和美的喜庆之神“和合二仙”，为人招财的“善财童子”，还有“哼哈二将”、“四洲大圣”等，都在

曹国舅、张果老、韩湘子、蓝采和

和合二仙

牛腿中常见。

牛腿中表现最多的、最具教化意义的还是反映我国儒家思想的内容。儒家思想为春秋之际的孔子（孔丘）所创立，战国之际的孟子（孟轲）所弘扬，汉代被推崇到“独尊”的地位，宋朝的程（程颐、程颢）朱（朱熹）理学更完善、加深了它的思想内涵。儒家思想在中国几千年的封建社会中，直接、间接地深入到了每个中国人的思想和生活的各个角落。它集中反映了中华文化的精髓，是中国人思想和生活的准则和规范。儒家思想在中国的文化艺术中有广泛而深刻的反映。同样，所有的牛腿艺术，也都通过不同的形象和画面、从不同的角度、深入浅出地反映着儒家思想的基本精神。而反映最多的则是其中的忠孝节义、安居乐业和功名利禄等思想。忠，在封建社会里是儒家伦理思想的核心内容，在一般人心目中皇帝就是国家的象征，忠君和爱国始终密切联系在一起。杨家将、岳飞等就是忠君报国的典型。孝道，是古代对待长辈的行为准则，“二十四孝图”就是牛腿常见的题材。气节、节操，是人立身行世的标准，失节乃为人不齿。因此“持节牧羊”的苏武和写出“人生自古谁无死，留取丹心照汗青”的文天祥也最为人们所喜爱。义，如刘关张的“桃园三结义”、关羽的忠义，则显示了古人的交友规范。安居乐业、祈福纳祥、多子多福、健康长寿等，是农耕社会人们最普遍的追求，从孟子的“五亩之宅，树之以桑，七十者可以衣帛”到陶渊明理想的桃花源，都是这种思想的反映。反映在牛腿雕刻上，这方面的内容十分丰富，诸如“渔樵耕读”、“福禄寿喜财”、“五福临门”、“五福捧寿”、“招财进宝”、“宜子孙”、“麒麟送子”、“观音送子”、“大官赐福”等都是。古人学而优则仕，升官发财是更高档次的一种追求，因此，“状元及第”、“官登太师”、“马上封侯”、“衣锦还乡”一类的画面就常出现在牛腿中。

天官赐福

渔樵

古代科学不发达，人们往往把对理想的追求和对贫穷、苦恼、诸事不顺的摆脱，寄托在莫须有的神灵身上，因此造神、信神、祈神、敬神是古代社会的普遍现象，民间更是如此。《山海经》、《楚辞》、《穆天子传》、《搜神记》、《封神榜》等书中就有关于神的大量记载。“神”便是牛腿的重要内容，如门神、财神、喜神、灶神、风神、雨神、雷神、花神……还有西王母、玉皇大帝、杨二郎、嫦娥、麻姑、牛郎、织女、七仙女等等不胜枚举，这些神都是中国老百姓自己创造的，不是舶来品。把这些神灵雕刻在牛腿上，反映了也满足了人们各方面的精神寄托和追求。

牛腿内容之广泛、普遍、深刻，难以尽述。当它被工匠由木料雕制成艺术品之后，它就被赋予了生命。虽然今天被作为玩物收藏的牛腿可能依然满身灰尘，但穿越时空，它依然散发出前人生存、生活的生动气息，映射出中华民族伦理道德、价值观念、审美情趣和风俗民

官登太师

情的熠熠光辉。

四

不言而喻，牛腿是在木头上制作成的艺术作品。雕制牛腿时，一旦内容确定之后，第一要务便是选择适合的木料。俗话说“巧妇难为无米之炊”，一件精美的牛腿作品和好的木材分不开。如果材料不合适，再优秀的雕工也难以雕出好的艺术品。因此，雕刻牛腿对木材的选用十分讲究、要求很高，雕工选材也就很慎重、很仔细，不会信手捡来，率次为之。

一般说来，只要不是朽木，什么木头都可以雕刻。但是，不同的木头雕出的作品也自然不同。木头有硬木和软木之分，硬木如红木、黄杨木、花梨木、扁桃木、榔木等，它们木质坚硬、纹理细密、色泽光亮，是雕刻的上等材料，适合雕刻结构复杂、造型细密的作品。软木如松木、椴木、银杏木、樟木等，它们木质相对说来比较疏松，适合雕刻造型粗狂、形象概括的作品。还有些木头，木纹比较明显而且富有变化，如水曲柳、松木、冷杉木等，适合巧用其流畅多变的肌理，雕制抒情性强的作品。一般说来，木纹的变化越丰富，雕出来的作品就越有装饰性。

有了内容，又选好了木材，雕出来作品的优劣好坏就全看雕刻匠人的技艺水平了。所谓技艺水平体现在好多方面，如对作品内容的把握，对形象空间的安排等，而其中最重要的是雕刻技法亦即用刀的方法。技法主要有三种：圆雕，也称六面雕，所雕呈实体状；透雕，也称镂雕，所雕呈镂空状；浮雕，包括浅浮雕、深浮雕，所雕呈不透明单面雕状。这三种技法，在一方牛腿上通常不是单一的使用，而是交互使用，这才能完美、准确地雕刻出所要雕刻的内容。

中国地域广袤，人们生活的地理环境不同，生活方式、风俗习惯不同，审美情趣、材料工艺也有差异，因此，全国各地牛腿的风格流派也就各种各样。北方以黄河流域的山西、河南、山东为主要特色，还有北京的四合院；南方以长江流域的浙江、安徽为主要特色，还有

门神

广东等地。总体来看，北方之粗犷豪放，南方之精致细腻；宫廷之雍容华贵，民间之简约质朴，可谓气象万千，流派纷呈。本书汇集的牛腿主要来自浙江和安徽，它们自成流派，各具风采，各见其美。

浙派木雕以起始于唐代的东阳木雕为主，东阳被称为“木雕之乡”、“天下第一雕”，据记载，清朝嘉庆、道光年间，在北京故宫从事建筑装饰和室内用品雕刻的东阳木雕艺人就有上百人之多。当今，东阳木雕艺术更是享誉全国乃至世界。东阳木雕一般不设色贴金，多为“白木雕”。其立意精到，技艺精湛，雕刻一丝不苟，每个部位都恰到好处，乃至达到“鬼施神设”的精美程度。图案讲究“满花”，构图完整，画面设计丰富而有变化。雕刻手法多样，浮雕最为普遍，深雕最具特色，十分注重用雕刻的深浅来表现各种形象，浅浮雕有中国传统画的线条美，深浮雕则玲珑剔透，层次丰富，立体感强。内容以人物居多，花鸟走兽次之。雕刻人物生动传神，呼之欲出；花鸟走兽，灵动生姿。其细部雕刻，尤其着意运刀，以至丝丝花蕊、片片鳞甲都清晰传神，令人赞叹。所以在东阳木雕艺人中流传着这样的口诀：“刻花要吉利，才能合人意；画中要有戏，百看才有味。”东阳木雕的这些带有共性的艺术特点，在本书收集的浙江牛腿中亦有体现。就牛腿的个性而言，因为它所在的位置比较显著，尤其为匠人着重精雕细镂。浙江牛腿一般尺寸较大，但是虽然肥硕却不显得粗笨，反而为雕工提供了施展才艺的天地，把它雕刻得多彩多姿、美轮美奂。

徽派木雕以皖南的古徽州（包括今天江西的婺源等地）为代表。徽州人善经商，有“十室九商”之说；徽州人重教育，有“十户之村不废耕读”之誉，“以才入仕，以文垂世”者很多；徽州是“程朱理学”的发源地，徽州人崇儒兴文，徽州商人被称为“贾儒”。这些徽州商人在外边做生意赚了钱，就回家盖房子。在建筑中（包括在牛腿的雕刻中）从内容到形式，都体现了他们的文化思想理念和审美价值观念。雄厚的物质基础和深厚的文化底蕴相结合，就决定了这里建筑艺术的文化品位精美而不流于庸俗。从明朝开始，徽州木雕的造型圆润结实，朴实古拙，而又不失淡雅清丽，风格接近于汉代的画像砖。线条简练挺拔，粗放刚劲，人物形象较为夸张。绩溪龙川胡氏宗祠，始建于宋，继修于明，其建筑亮点就是600多件木雕。清朝徽州木雕风格趋向缜密、繁复、精巧，追求精细完美，但却有点过分雕饰。道光年间所建、被誉为“中国木雕第一楼”的黟县卢村木雕楼，简直就是一座木雕殿堂。徽州牛腿的雕刻除浮雕、镂雕、圆雕等技法外，还有线雕、阴雕、多层雕刻等，雕刻复杂的有七八层之多。徽州牛腿讲究本色，讲究自然，并不富丽堂皇、雍容华贵，而是古朴雅致。综观徽州牛腿，重文化，重典雅，雍容有度，不落俗尘，堪称古典精神的民间范本。

牛腿，一块不大的建筑物木构件，却有几百年甚至千多年的历史演变，有包罗万象的丰富内容，有深邃博大的文化蕴含，有精湛的雕刻技艺，有如诗如画的艺术魅力。今天，这本书中所展示的，已经进了静思园的木雕博物馆，原有的木质本色已经变得暗淡。但正是这种沉重的色调，却昭示着沧桑，承载着历史，记忆着文化。读着它，不仅可以感受到美，而且可以发思古之幽情！

2012年6月于吴门歌风楼

牛腿类古建木雕及其收藏保护

杨承伟

静思园虽是现代园林，然而不少建筑梁柱等主体构件却是从“沪、苏、浙、皖”等地明清老宅拆迁过来的，故而才有江南“古建博览”之誉。静思园还收藏了数以千计的牛腿，堪称古建小构件中最经典的木雕特色收藏。

所谓经典和有特色，就是说牛腿和类似牛腿状的此类古建小构件，不仅是形状适宜，雕刻内容丰富，而且主要是作为一种文化载体，处于门檐梁柱间最佳部位，最能呈现直观立体艺术的雕饰之美。因此牛腿雕饰已大大超越了原撑栱作用及其构件功能，充分给人以视觉美感上的享受和欣赏。换言之，牛腿物小而涵深，其精妙之处并不在于本身的制式和功效，而恰恰是历代当时刻意附加的雕饰艺术及其渊博的文化意蕴大放异彩。这恰恰是古人（包括民间能工巧匠）对最能反映民族传统文化的木雕艺术之美的执著追求。显然，在品味历史文化和收藏意义上而言，作为典型小巧而有特色的古建构件，老牛腿所焕发出来的艺术青春可谓永恒。

静思园收藏了那么多的牛腿，无疑是对文物类古建筑构件遗存的抢救性保护。《文物保护法》的基本方针就是“抢救第一”，国家法规中早就明确了要抢救性地“加强文物的保护，继承中华民族的历史文化遗产”。牛腿作为人们耳熟能详的民间传统文化载体之一，正如冯骥才大声疾呼的那样：目前已经“遗存不多了”，如不及时抢救和保护，又将很快“至少有一半的民间文化会化为乌有”。可见，静思园大规模收集和收藏牛腿，在古建筑构件类文物抢救保护意义上，可谓功莫大焉。

确实，中国近几十年来的连续改革开放取得了举世瞩目的丰功伟绩，可是中国现代文明的超速“快列”在呼啸奔驰的历史进程中却无暇旁顾。随着长期火热的楼市房产开发，尤其乡镇城市的迅猛扩张，以及现代路网建设的日新月异，多少明清老宅和古村落，以及这些建筑上的精美木雕构件，转瞬间就被大力神掘土机几乎“一扫而光”。现在的城乡各地尤其沿海江南，哪里还有“杜牧的雨意杏花、王维的鸡犬桑麻、陶渊明的东篱秋

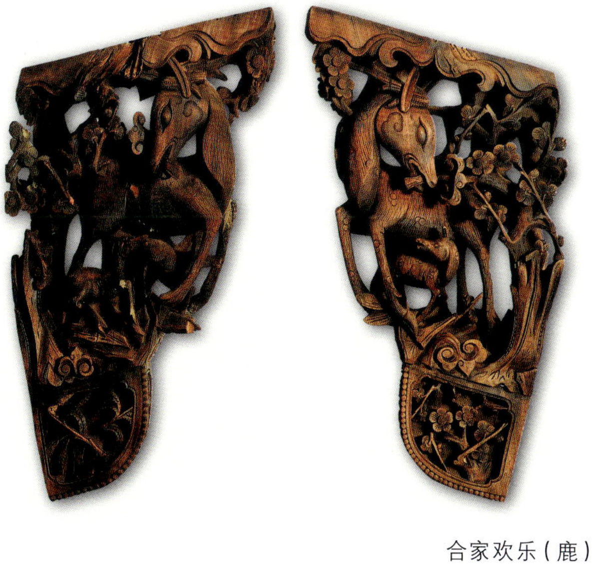

合家欢乐（鹿）

单刀赴会

菊”之诗情画意呢？自然，那些古旧建筑及其木雕早已日渐式微，令人扼腕痛惜，但还幸有一些“肢解”或“漏网”尚存的构件仍埋没而散落于民间。正是由于静思园主人抓住时机，花费巨资及时收购，并坚持长期投入进行抢救性保护和收藏，才有了能同时集中上千对老牛腿的规模性展示，才有了贡献社会和文化产业的骄人业绩。

事实正是如此，比起时下所谓新建的名宅大院和假景点古迹，大量水泥髹饰取代了历史真迹，以致满目琐屑，伪俗不堪，仅存挂名明清建筑的空壳。而静思园作为新建不久的现代园林，却不惜重金收集古旧的真材实木，尤其利用大量明清时代的梁柱门窗等主件进行造园营构和建筑。而且，还同时抢救性保护了以牛腿为主的大批古建木雕构件，除了收藏展示，不少还被直接用于园内建筑装饰。故而对照而言，不能不令人感到静思园具有一种古朴典雅的骨质和气质之美。这种美，能净化人的心灵，能沉静人的思绪，更能激发人的生活热情。正如笔者退休前曾在散文游记中的一段畅怀抒情描述：

每每流连在“古建博览”、美景如画的静思园，当我徜徉在“小垂虹”蜿蜒的长廊，伫立于古雅旱船“如归舫”楼台的湖畔，久为劳碌而又茫然的心灵宛如被轻轻抚慰；当我捷步登临玲珑“小庞山”顶上的“快风阁”，或转辗登上宽绰恢宏的湖中“鹤亭桥”，久已怠倦了的豪情和理想似乎又被激发；当我驻足在“静远堂”和“闺楼”间的深宅院落，或品茗静坐在“寻常巷陌”中的“听雨轩”茶室，浮躁不定的思绪好像被蓦然驱散；尤其当我百观不厌地游荡在“悟石山房”前的古戏台广场，穿梭于“拜石轩”、“弘雅堂”、“涌泉楼”、“天香书屋”和“静思禅院”大殿等这些明清老结构建筑的内外，一种莫名的“独怆然而涕下”之感动，及其“思古之幽情”不禁由然而生。每次畅游静思园都是这样，只要置身其中，因感动就久而走不出那些移步换景的造园布局，以及精美雕刻的建筑营构，更移不开自己凝注于那些古典建筑的灼灼目光。

好的园林确实这样令人陶醉，然而园林中古朴典雅的建筑及其构架上的雕饰更令人玩味，这种玩味其实就是对古典建筑文化的探索和研究。牛腿作为古建木雕的重要构件，不仅历史悠久，艺术性强，而且所承载的文化内容极其丰富。因此，静思园集思广益，汇集专家学者们集中研究，通过两年多来不间断的调研和探讨，才汇编出版了牛腿收藏保护方面的专著。确实，此举对于传播、弘扬和保护我国古建木雕文化具有重要价值。

笔者以为，牛腿专著论及古建构件，就不能不先了解一些中国的建筑史和中国古代建筑的特点。地球上古代有相互独立的六大原生态建筑体系，分别为中国古建筑及埃及、西亚、印度、美洲、爱琴海沿岸的世界各地古建筑。人们常说建筑是立体的史书和诗画，建筑是人类文明的颂歌、标志和纪念碑。其实深层次而言，建筑是民族文化的结晶，是人类文化传承而永恒的知识宝库，更是地球上重要的历史遗存。世界上所有建筑的文字语言及其蕴含的诗情画意，不仅表现为各国各自的建筑营构、制式和造型，而且更高层次是表现在各有特色的艺术装饰风格上。我国历代绝大多数古建筑纯以木构系统传承至今，无论区域多么辽阔，凡华夏民族足迹所至，都有中国文化特色标志的主流建筑，许多国家的华侨聚居区尤为如此。所谓的中国文化特色，除了体现中国人建筑所用的木结构材料，还主要体现几千年来华夏民族的精神及其思想个性。也就是说，通过建筑及其装饰载体，能充分体现华夏民族在文学、哲学、科学、美术、宗教、人文风俗等诸多文化领域的独特底蕴和造诣。我国早自远古的神农起就"架木为巢"。自形成独立木架构体系开始，我国建筑中的梁与柱，乃至栋枋檩椽和各种木构配件，由于大多明露，古人为了雅观"显摆"，往往就在原木加工时刻意雕绘以求装饰美化。所以我国传统装饰与木架构结合，无论风格和技艺，历代古建都达到了当时高度的和谐统一和完美。再经过历代相继传承和发展，中国长达数千年来的古典雕饰艺术就自立于世界民族之林而且铸造了辉煌。

至今发现最早的雕饰类文物如已发掘的史前河姆渡木构件，上有榫卯结构和雕刻花纹。《周礼·考工记》中就已有木雕技法的载录。至春秋战国，雕绘盛行，技法已相当精湛。秦汉时期雕技益精，所刻人物动物皆形神兼备。尤其是出土的西汉木雕，榫卯工艺十分精巧。当然，除了砖雕石刻外，上千年前的木质雕绘则难以保留，但幸有诸多历史文献记载。如《春秋·庄二十四》："刻桓宫桷"，即在各种建筑构件如宫柱、华表和方椽上刻画装饰。又如汉代《三辅黄图》：未央宫大殿"以木兰为为棼橑，文杏为梁柱，金铺玉户，华榱壁珰，雕楹玉碣，重轩镂槛"，可见古代宫殿建筑各种名木构件上都布满了雕绘和金玉珍饰。到了魏晋南北朝，建筑雕绘在各大寺庙更为盛行。如北齐魏收的诗中就有"霞辉染刻栋，础润上雕楹"的精彩描述。至唐宋，雕绘技艺尤其是传统雕作技艺达到较高水平，在崇宁李诫《营造法式》雕作卷中，专有"混、线、隐、剔、透"所谓"五雕技法"的记述。明清二代，建筑构件特别是牛腿形状的时尚雕件更趋精美而登峰造极，尽现观赏和实用相结合的特点。发展到近几百年以来，在"京、广、苏、浙"沿海，各种建材雕饰流派纷呈，技艺荟萃，名家辈出。

特别值得一提的是明代开始，位于长江下游的太湖流域经济崛起，长时期来空前繁荣。江南地区物阜民丰，城镇密集，绅贾官宦纷纷造园筑室，于是楼宇丛密，处处豪宅雕梁画栋。牛腿雕饰此时亦开始勃然兴起而流行。可以说，在明清二代，以牛腿为典型的木雕艺术达到了史无前例的巅峰。

由此可见，出现牛腿的历史较其他木雕物件远远要晚。至今尚未发现有明代以前的牛腿实物遗存，也未发现有关的历史文献记载。然而，牛腿起源的祖先却是一种称为"雀替"的撑木。所谓"雀替"（也称"角替"），顾名思义就是形似孔雀展开双翼的对称状，以榫插附于梁枋与立柱交接处，替代原斜角支撑棍木用的各式构件之统称。"雀替"式样很多，很容易混淆不清。按体态，有"大雀替"和"小雀替"之分。按跨度，有狭短的"骑马雀替"和宽长的"牙板楣子类雀替"之分。按侧向，有单柱两侧的"通雀替"和双柱对侧的"隔雀替"之分。按年代，宋代称"雀替"为"绰幕"，有"楷头绰幕雀替"和"蝉肚绰幕雀替"之分。按制式，有"标准雀替"和"特殊雀替"之分。如衡山圣帝殿金柱顶部有一种形似孔雀的特大"彩凤雀替"，又称"凤撑"，尾长翼阔，非常特别。还有专用于牌楼上的"龙门雀替"，因同时加用带斗拱的云墩和三福云、麻叶头等配件，有的还辅加梓框，故"龙门雀替"的构件组合非常复杂而华丽。如此式样繁多的"雀替"演变到明清盛世，由于檐下梁柱间最佳视角的垂直部位最气派，也最吸人眼球，也就是说缘于出入必经之处的瞻观之需，于是乎在此部位便应运产生了一种纯装饰性的所谓"似是而非的雀替"，这就是南方俗称"上大下小状"的牛腿。

其实早在上世纪30年代，梁思成就在其《中国建筑图集》中饶有兴致地提及此事。梁先生书中认为"雀替"的"演变富有趣味"，发展到明清开始大量精雕细刻，书中特别提到"有一种似是而非的雀替"。为什么"似是而非"呢？梁先生指出：因为"普通雀替的看面多与建筑物的看面平行"，可是"金华北山鹿田书院以及成都昭觉寺等作支撑用的东西，其看面却与建筑物看面垂直"，并指出"江南一带用此者甚多，故亦附于雀替内"。由此可见，梁先生虽然没有称之为牛腿，但确实是源于"雀替"的演变和衍生，只是在民国初期，当时还没有牛腿的俗称而已，故也只能戏言之"似是而非"了。但是更有趣的是，至清中晚期以来又确实同时出现了大量"上大下小状"的"雀替"，也可以戏称为"似是而非的牛腿"了。这在南方古建筑上非常多见，只是所附梁柱名称和部位角度不同而已。故笔者认为，其实还是不妨以形命名，统称为牛腿类木雕为宜。由于静思园收藏的那么多老牛腿，其中也有不少形状类似的“雀替”，故本文推敲再三，才确定撰题为《牛腿类古建木雕及其收藏保护》。

作为最大的民间收藏之一，静思园的这些牛腿类古建构件，虽然材质一般，但上面的雕工大多比较精美，刀法也纯熟而流畅，雕刻内容更是丰富多彩。如反映儒家思想的“忠孝仁义”，体现仙人和道释的二教神话；又如宣扬经典戏文、历史人物和传说的故事，以及祈求健康长寿、趋吉避凶、求福纳祥等内容。还有大量传统题材，巧妙地运用形象、谐音、数字、比拟、象征等手法表达吉祥喜庆的内涵。最典型的是祥禽瑞兽，如龙虎凤龟、狮子麒麟、仙鹤神鹿，也有小动物鱼、公鸡、鸳鸯、蝴蝶和蝙蝠等。除了动物还有比拟美好和象征吉祥的大量植物花卉，如梅兰竹菊、松柏莲荷、芙蓉佛手、灵芝牡丹和麦穗、桃、四季花等物。此外，还有大量配合用来美化主题的龙纹、卷草纹和其他各种几何状花纹，以及多宝物和暗八仙吉祥物等图饰。如果说中国的建筑是华夏民族文化的结晶，那么牛腿类古建木雕就是这种文化结晶的精髓之一了。静思园多年来专门研究其中的文化和艺术，并汇编出此巨著，笔者由衷地以为这是牛腿收藏保护中一笔值得称颂的大事，也是静思园文化的又一大手笔。

毋庸讳言，在几经周折的出书汇编中，又遇到一个颇棘手的问题。因为静思园收藏保护的这些老牛腿，都是上百年前的古建构件，雕体全部积满污垢，故严重影响了专家们研究时的观赏分析和判断，也严重影响了出书所摄照片插图的清晰度。尤其是雕体的白蚁虫蛀，实为收藏保护中的最大隐患。为此，就必须彻底杀虫去污，并花大力气进行清洗和清理，才能确保牛腿倩影重新拍摄成功，确保书稿的顺利完成。更重要的，也才能长久而真正确保静思园这批老牛腿的安全收藏和保护。

当然，无论杀虫灭害，还是清洗去垢和护理，必须以无损牛腿雕面的“包浆”及其雕体木质为原则。加之，这些牛腿数达上千之多，以无论难度，还是工作量和劳动强度，都是非常突出而显见的。好在笔者出身科研，动手驾轻就熟，又一直爱好收藏，既是古玩迷，又曾是名噪京沪等地上百幢名特建筑清洗保护的工程技术指导。所以鬼差神使，又似乎顺理成章，这批牛腿清洗保护的难题最终还是要我主持解决。于是制定了详尽的施工方案和工作流程，准备好专业器具设备和充足剂料，仅用了一个多月时间击，反复用化学溶剂杀虫、表面活性剂清洗、木质保养剂护理后全部圆满完工。但是施工中也有不同意见，有人认为虫是去除了，也洗干净了，却“过”了，误传“洗坏了”。实际上这是误解，因为古玩的“包浆”是洗不掉的，木质牛腿亦然。因此有必要探讨一下“包浆”究竟是什么？所谓“包浆”就是器物表面历经至少几十年乃至上百年空气氧化，才能日积月累而形成一种化合致密的光质物（层）。其实这种光质氧化物（层）远比木质本身致密而坚固，是常规的碱性剂液洗不掉的，洗去的都是依附在“包浆”上的烟污或灰垢。当然，清洗干净伊始，一旦污垢去尽，牛腿雕面本色是会有所偏淡，这很正常。只需不久，俟充分接触空气氧化还原，那么“包浆”光泽就与日俱增而恢复，木雕色面也立即同时由淡变深，益现老牛腿的古雅气质。所以，“包浆”在境外华人古玩界被称为“宝光”。而老牛腿清洗后不久，自然也有“宝光”了，那就是所谓“包浆”的古香古色。至今，才时隔半年多，事实已证明了这一点。

2012年5月

图版（一）：花鸟寓意

花鸟禽兽寓意吉祥，是木雕牛腿的重要内容。其表现手法：一是谐音，如“瓶”谐“平”，意思是平安；“鱼”谐“余”，意思是有余；“蝙蝠”谐“福”，意思是幸福；“鹿”谐“禄”，意思是有钱财，等等。二是比喻借代，即借某种花鸟比喻一种吉祥的意思。如松树和鹤都寿命很长，把它们雕刻在一个画面上，意思就是“松鹤延年”；石榴指代多子，佛手指代多福，梅兰竹菊比喻高洁，等等。三是符号，如卍字表示绵延不断富贵永远；如意、灵芝、祥云表示吉祥如意；还有回纹符号、昌纹符号等。本书收录的“花鸟寓意”内容丰富多彩，美不胜收。

凤穿牡丹

“凤穿牡丹”是传统的吉祥题材，亦称凤戏牡丹、牡丹引凤。古代传说，凤凰是吉祥的瑞鸟，为鸟中之王；牡丹象征荣华富贵，为花中之王。凤凰和牡丹组成画面，寓意祥瑞富贵、荣华美好。

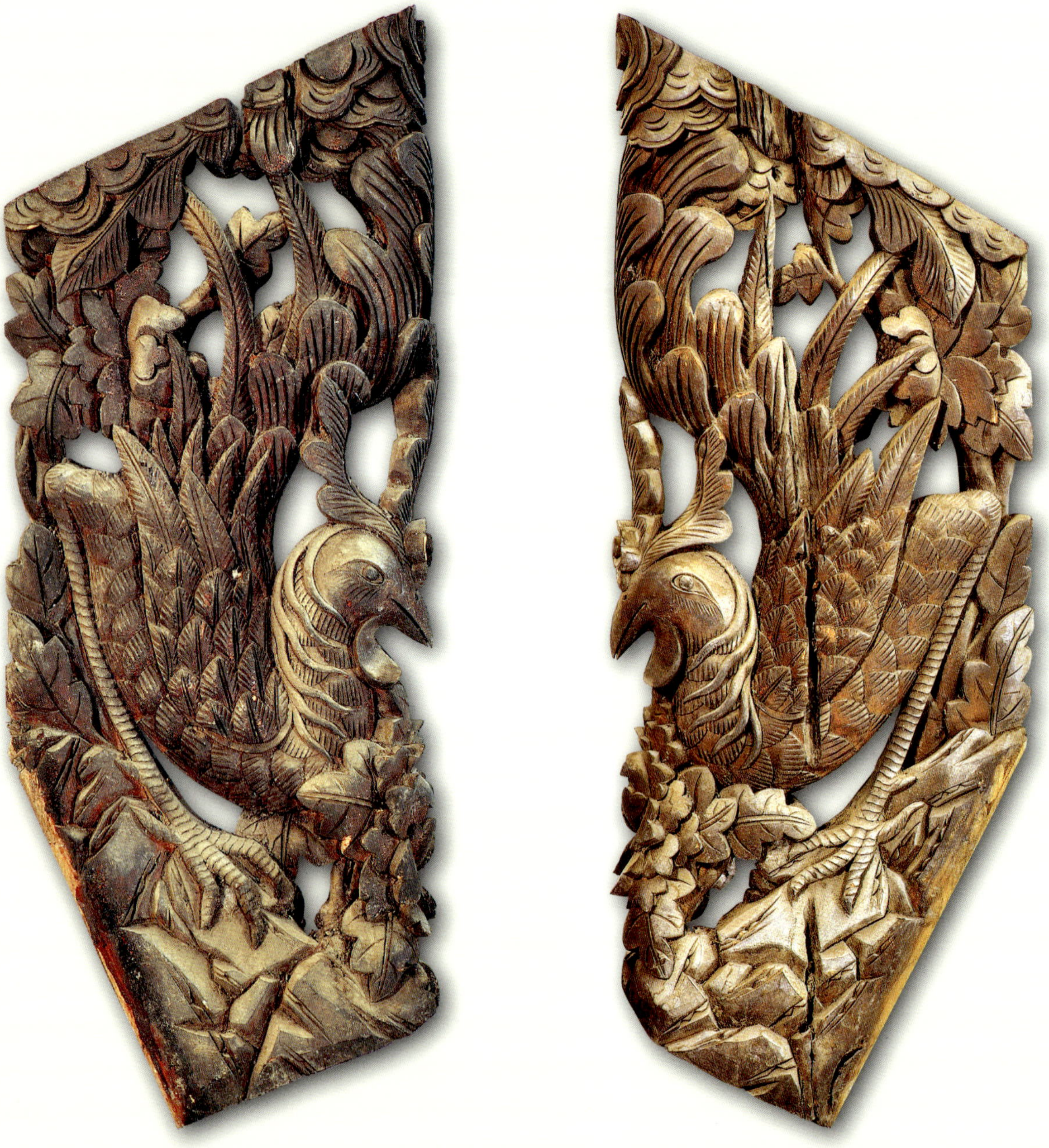

凤穿牡丹　70×35×7cm×2

凤穿牡丹　53×35×7cm×2

凤穿牡丹　54×33×8cm×2

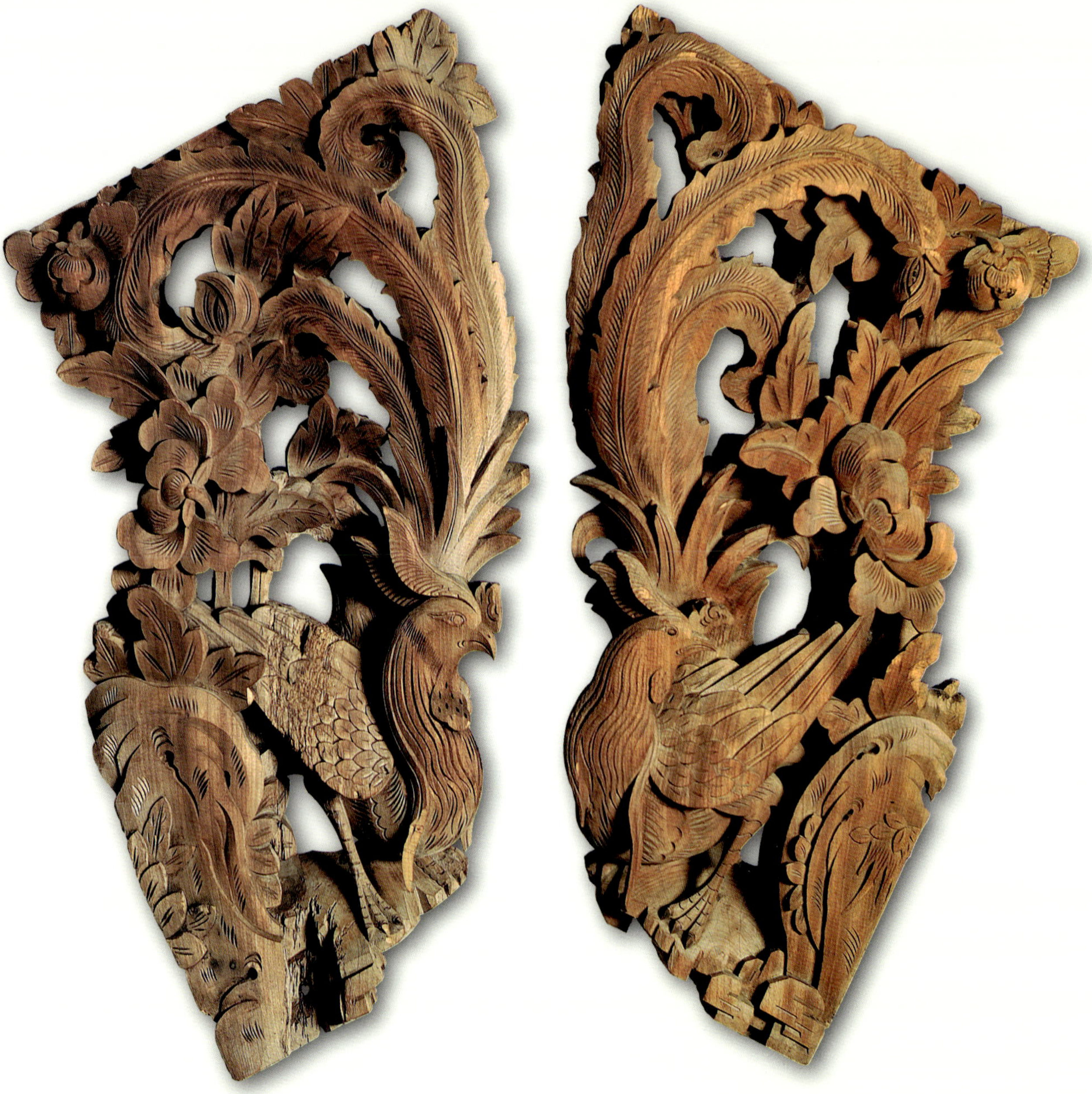

凤穿牡丹　72×54×10cm×2

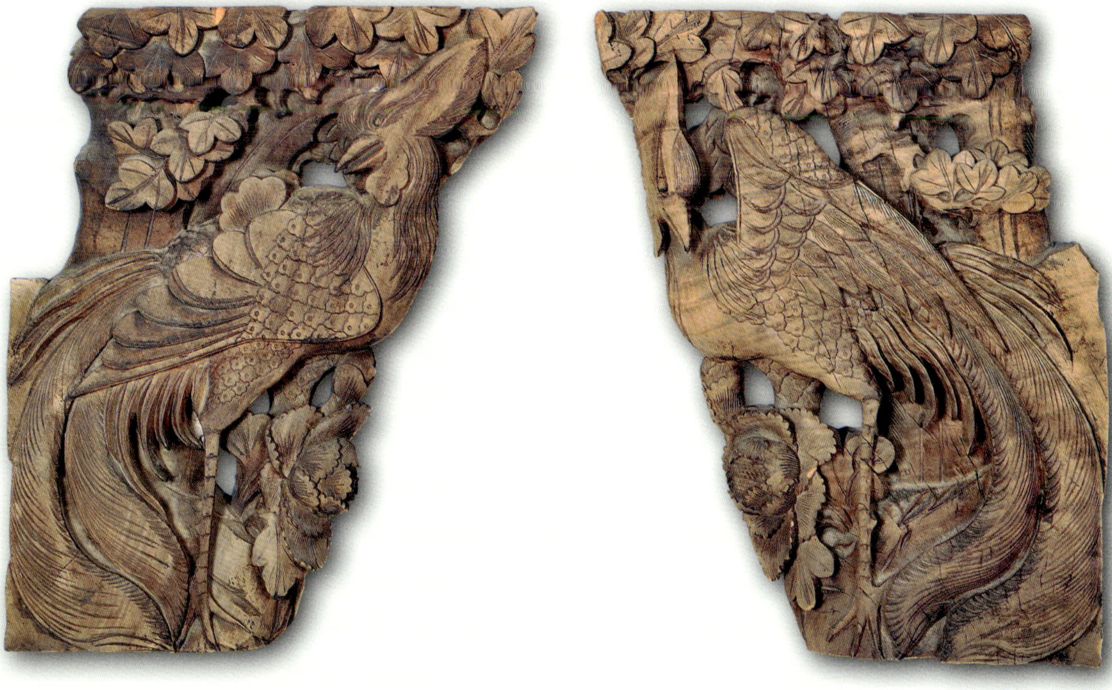

凤穿牡丹　63×50×10cm×2

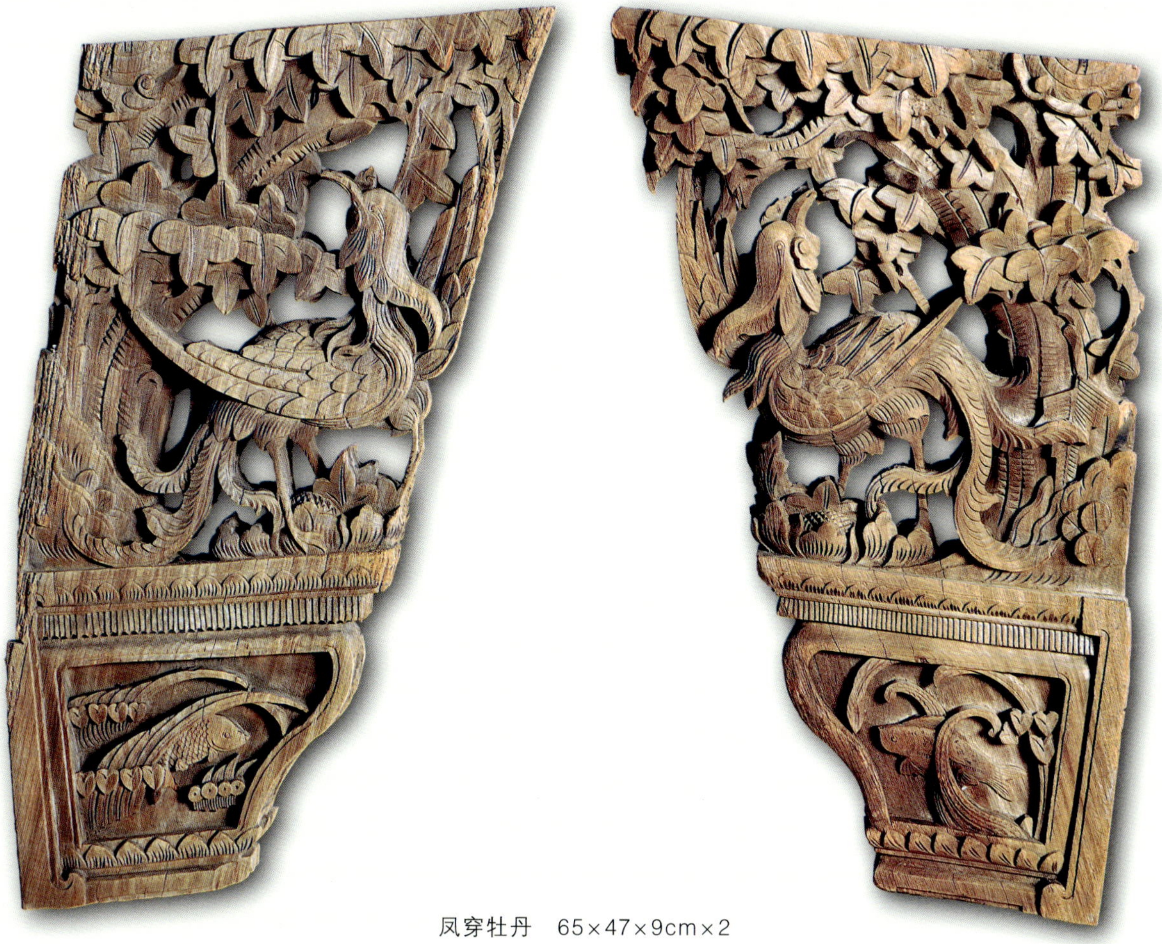

凤穿牡丹　65×47×9cm×2

凤穿牡丹　65×48×10cm×2

凤穿牡丹　54×30×10cm×2

凤穿牡丹　65×48×10cm×2

凤穿牡丹　50×47×11cm×2

凤穿牡丹　48×48×10cm×2

凤穿牡丹　50×45×9cm×2

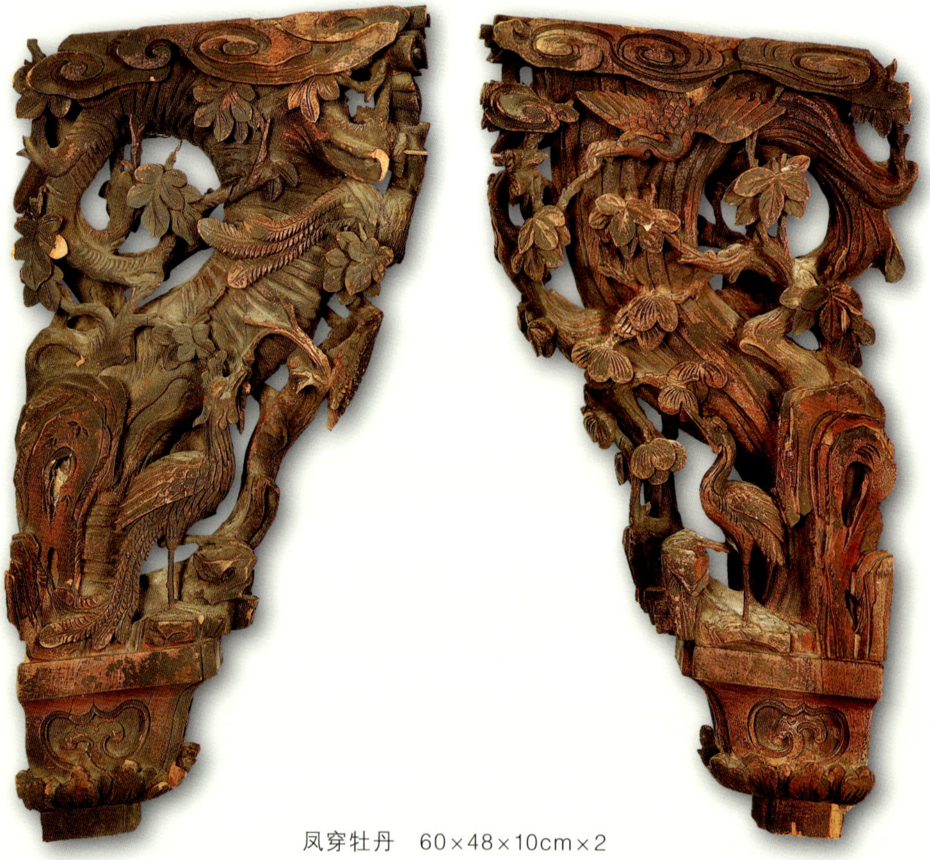

凤穿牡丹　60×48×10cm×2

凤穿牡丹　72×54×10cm

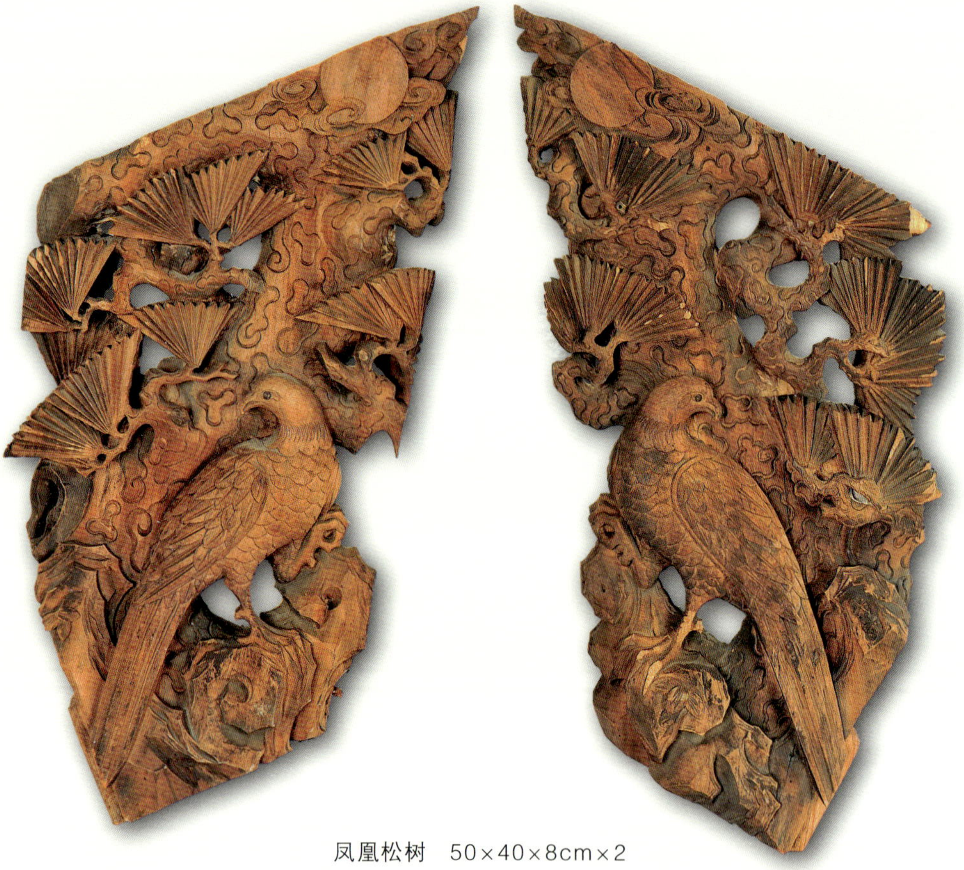

凤凰松树　50×40×8cm×2

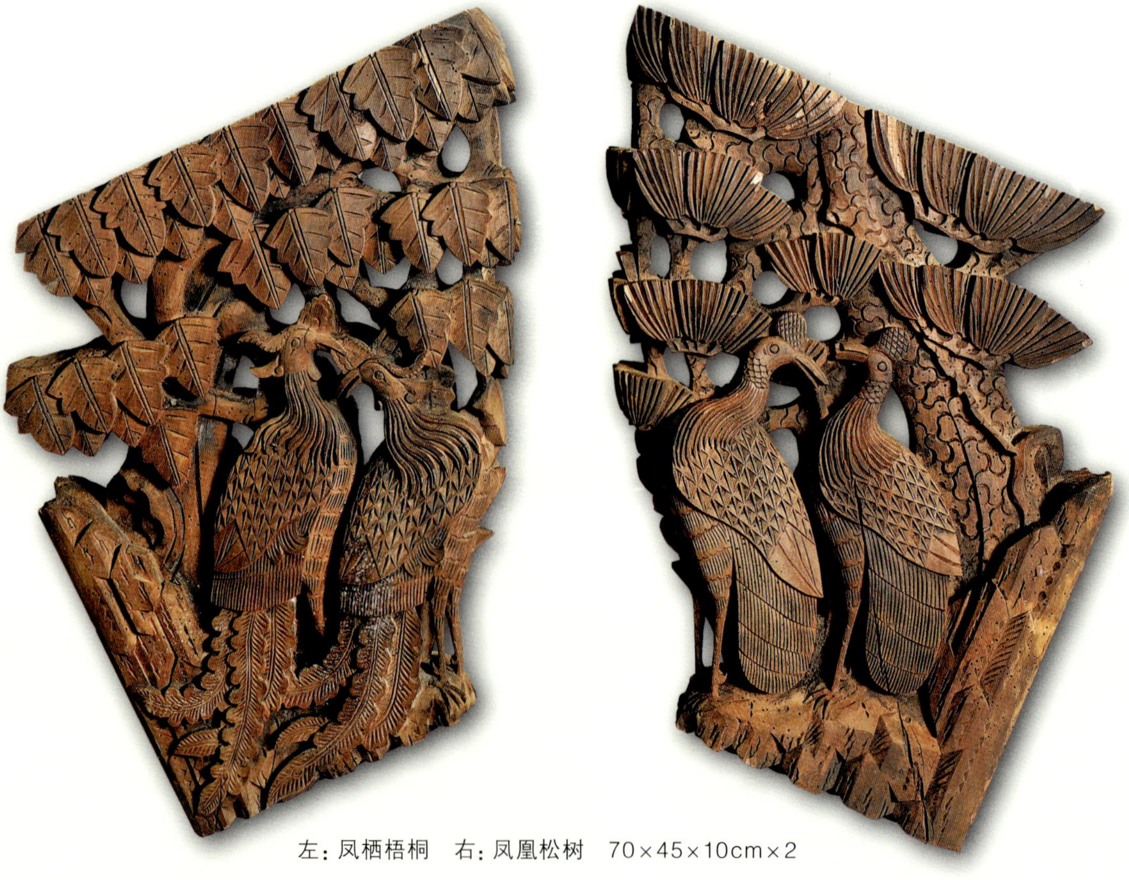

左：凤栖梧桐　右：凤凰松树　70×45×10cm×2

松鹤延年

“松鹤延年”又称“松鹤同春”。在古代，鹤是长寿的象征。《崔豹古今注》中载：“鹤千年则变苍，又两千岁则变黑，所谓玄鹤也。”可见鹤的寿命之长。同时，古代认为松是百木之长，因为松柏“贯四时而不改柯易叶”，常被用来祝寿考，喻长生。现实生活中的鹤虽然生活在沼泽地中，和松树没有关系，但在艺术上把它们放在一起，则寓意长寿和福气。松，傲霜斗雪，卓尔不群。在道教中，松是不死的象征，服食松叶、松根可以飞升成仙。因此，松又被赋予了高洁不群的形象。鹤，也被道教认为是出世之物，高洁清雅。得道之士常骑鹤往返，修道之士常以鹤为伴。因此把这两个仙物放在一起，又往往寓意高洁。

松鹤延年　50×50×12cm×2

松鹤延年　55×45×10cm×2

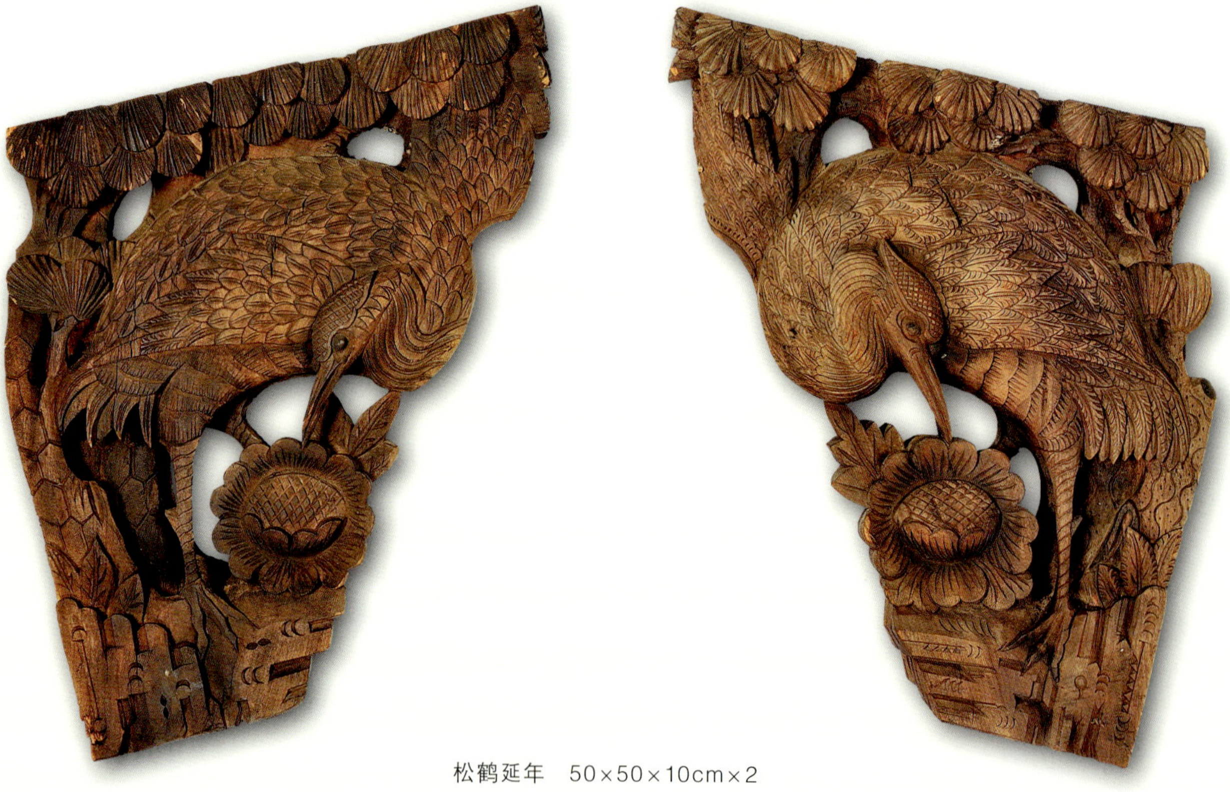

松鹤延年　50×50×10cm×2

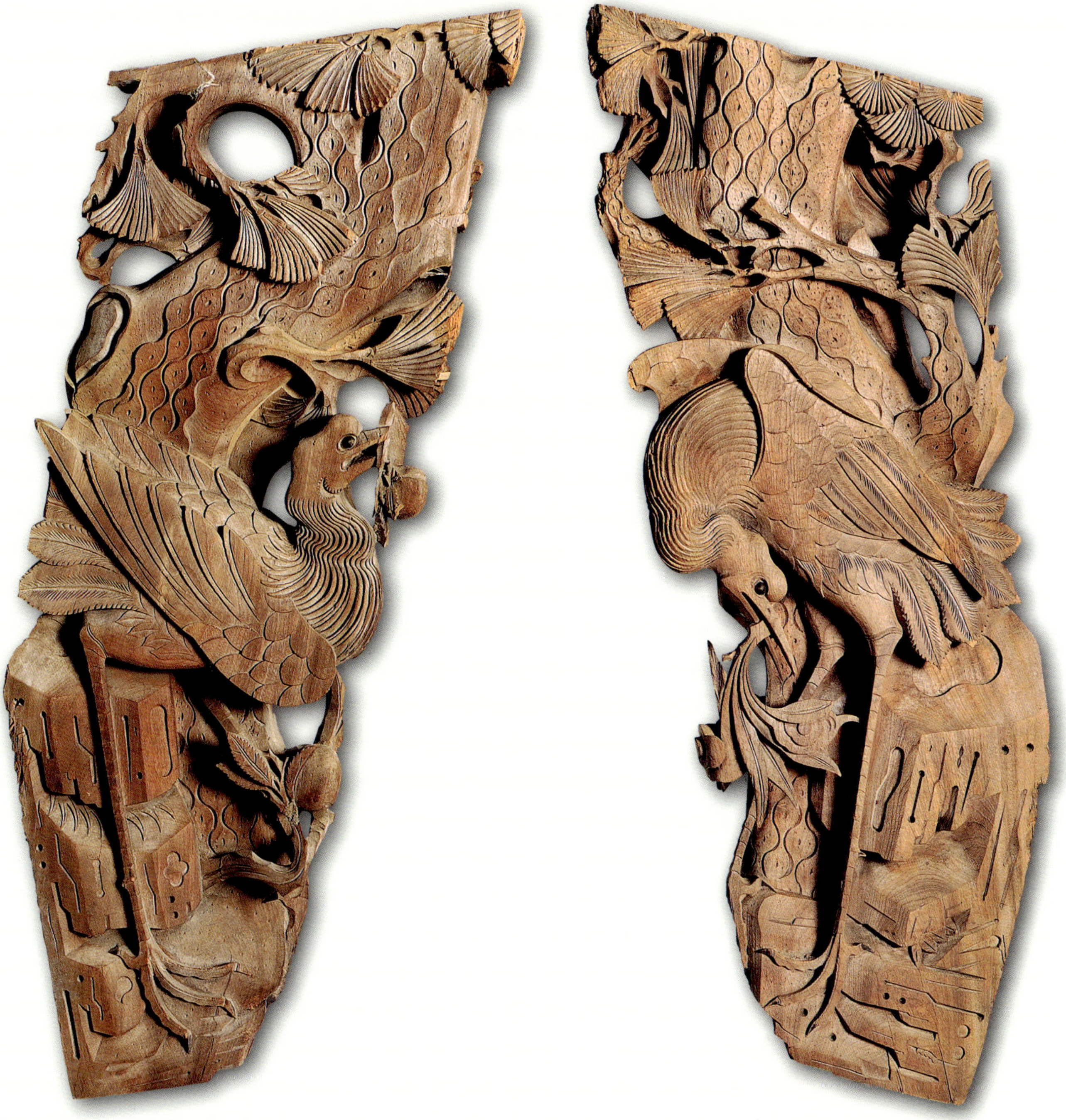

松鹤延年　84×30×8cm×2

松鹤延年　64×30×9cm×2

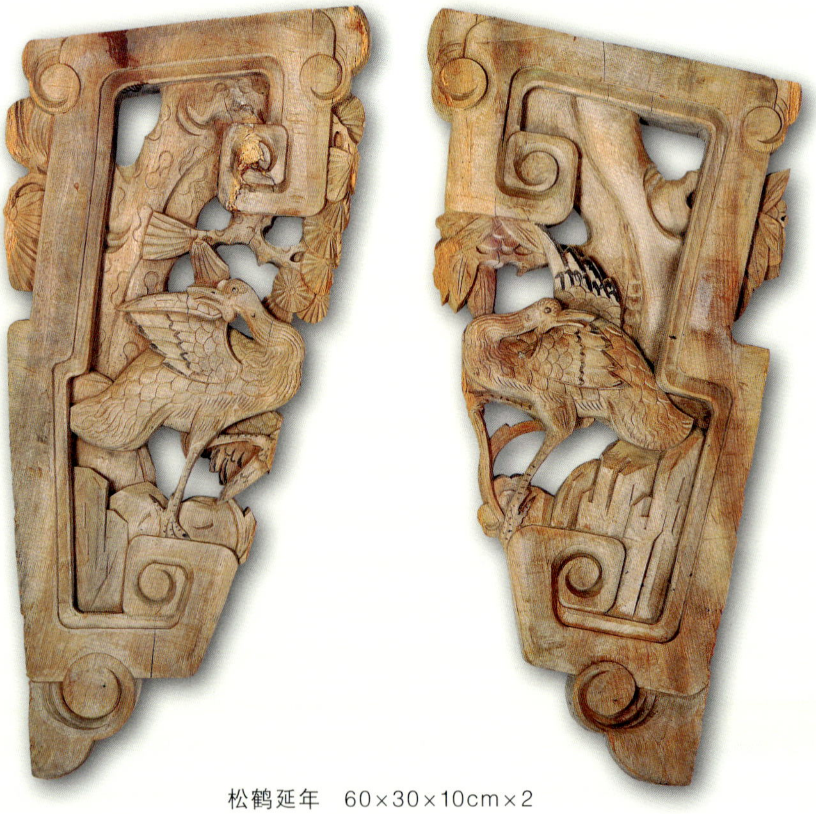

松鹤延年　60×30×10cm×2

松鹤延年　60×30×10cm×2

鹤寿柏青　60×30×10cm×2

松鹤延年　50×45×10cm

松鹤延年　65×35×8cm

寿桃仙鹤　60×30×9cm

喜相逢

鹊能报喜的观念，两千多年前就开始流传。唐朝就流传着这样一则故事：有个叫黎景逸的人爱护鸟类，他家门前的树上有个鹊巢，他经常用饭粒喂巢里的鹊儿。鹊儿也经常停在他家的窗台上唧唧喳喳地叫，这给单身的黎景逸增加了不少生活乐趣。可是，有一天，邻居家失窃，黎景逸被诬吃了官司，他当然不认账，官司就拖了下来。一天，他家的那只鹊突然飞到狱房外的树枝上，对着他喳喳地叫。他预感到有喜事来临。果真不几天，真凶抓住，他被无罪释放。随着这个故事的广为流传，人们更加相信鹊能报喜，也就把鹊叫成了喜鹊。在艺术上，画鹊兆喜的习俗也更加流行，而且品种也很多样：如两只喜鹊对面叫“喜相逢”，两只喜鹊中加上一枚古钱叫“喜在眼前”，一只獾和一只喜鹊在树下树上对望叫“欢天喜地”。而流行最广的则是喜鹊登梅枝报喜图，叫做“喜鹊闹梅”；因“梅”和“眉”谐音，又叫“喜上眉梢”；也有的画一只喜鹊仰望太阳，叫做“日日见喜”。这方镂空雕刻的牛腿，图案上的吉祥物比较多，但突出的还是左右的两只喜鹊，因此，命名为“喜相逢”。

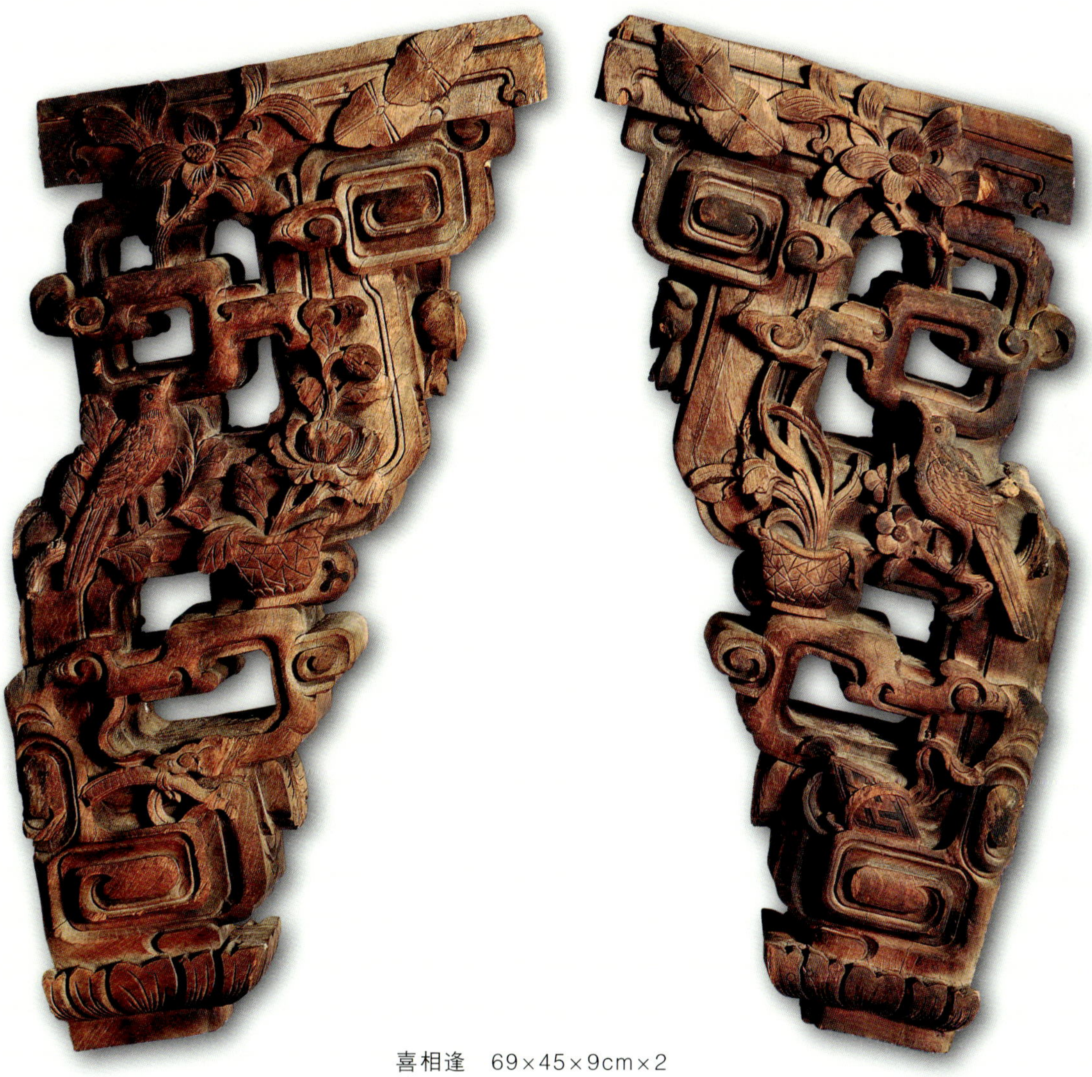

喜相逢　69×45×9cm×2

福禄寿喜

在木雕牛腿中，“福禄寿喜”一类的题材特别多见。多数都是以动物、植物组成画面，取其谐音，表达吉祥的意思。譬如以蝙蝠谐音福，鹿谐音禄，绶带鸟、寿桃等表示长寿，喜鹊等表示欢喜。有的是四者兼备就是“福禄寿喜”；有的只有三项就是“福禄寿”；有的只有两项就是“福禄”或“禄寿”；有的只有一项，如“五福临门”之类。这一类的雕刻变化比较多，工匠雕刻时也有随意性，因此，在给牛腿命名时只能视其大概，不必过于坐实和探究。“福禄寿喜”这类题材也有以人物来表示的，如雕刻福星、寿星等，这种雕刻，则不属“花鸟寓意”，将放在“神仙·戏文”部分。

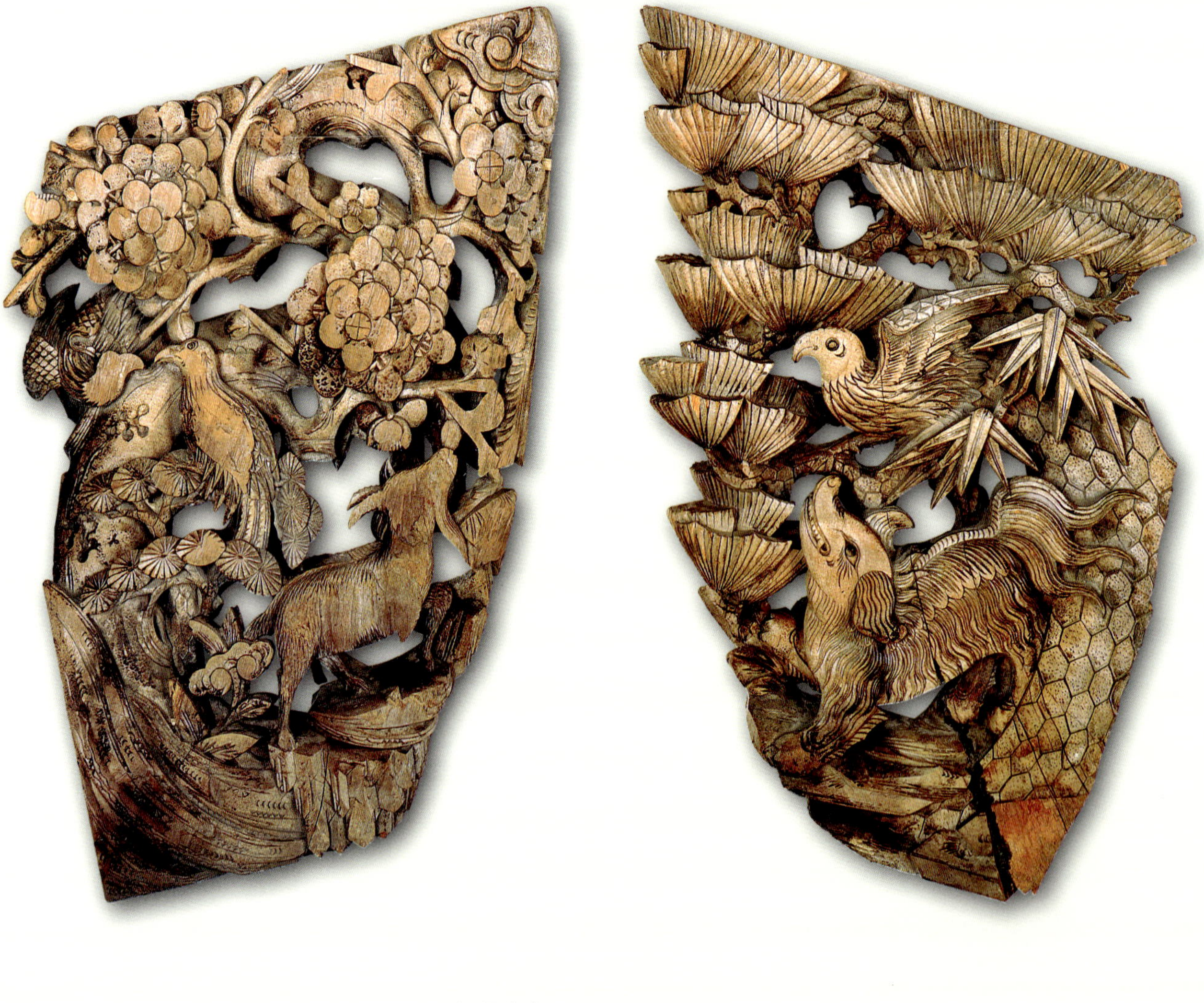

福禄寿喜　67×40×9cm×2

福禄寿喜　70×45×10cm×2

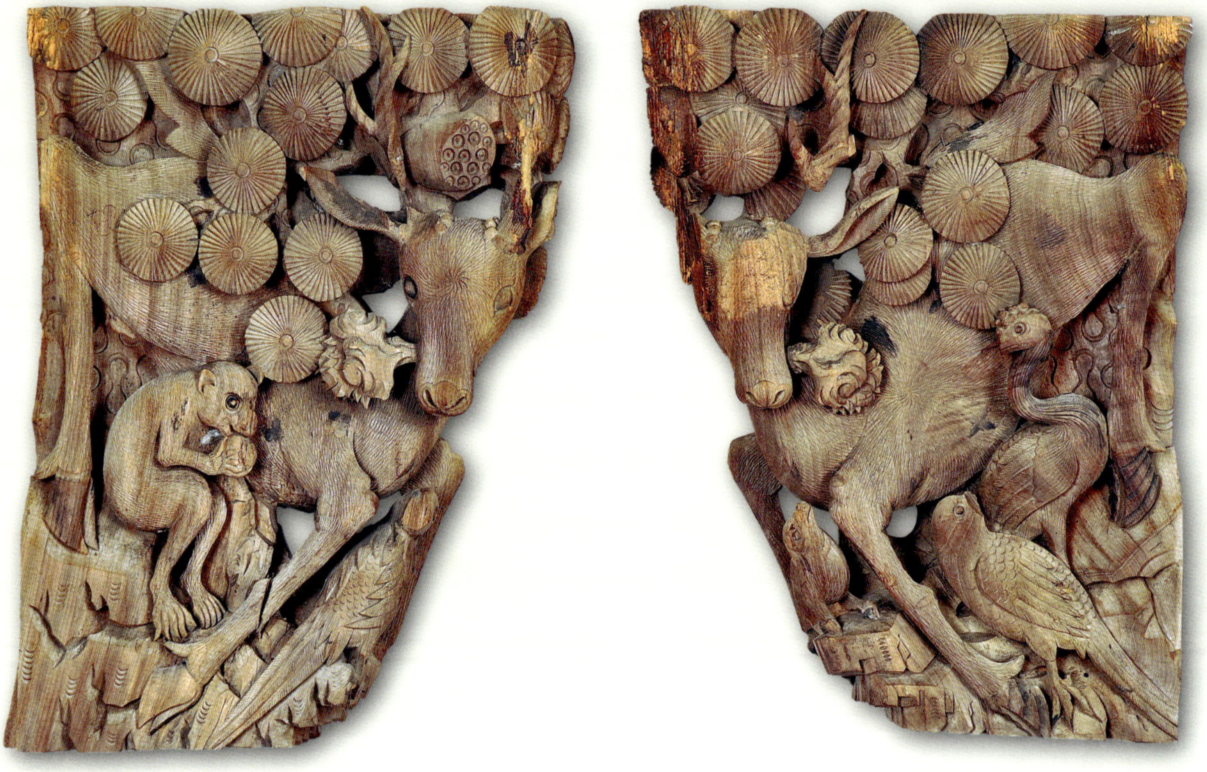

官禄寿喜　59×44×12cm×2

禄寿同喜　65×41×12cm×2

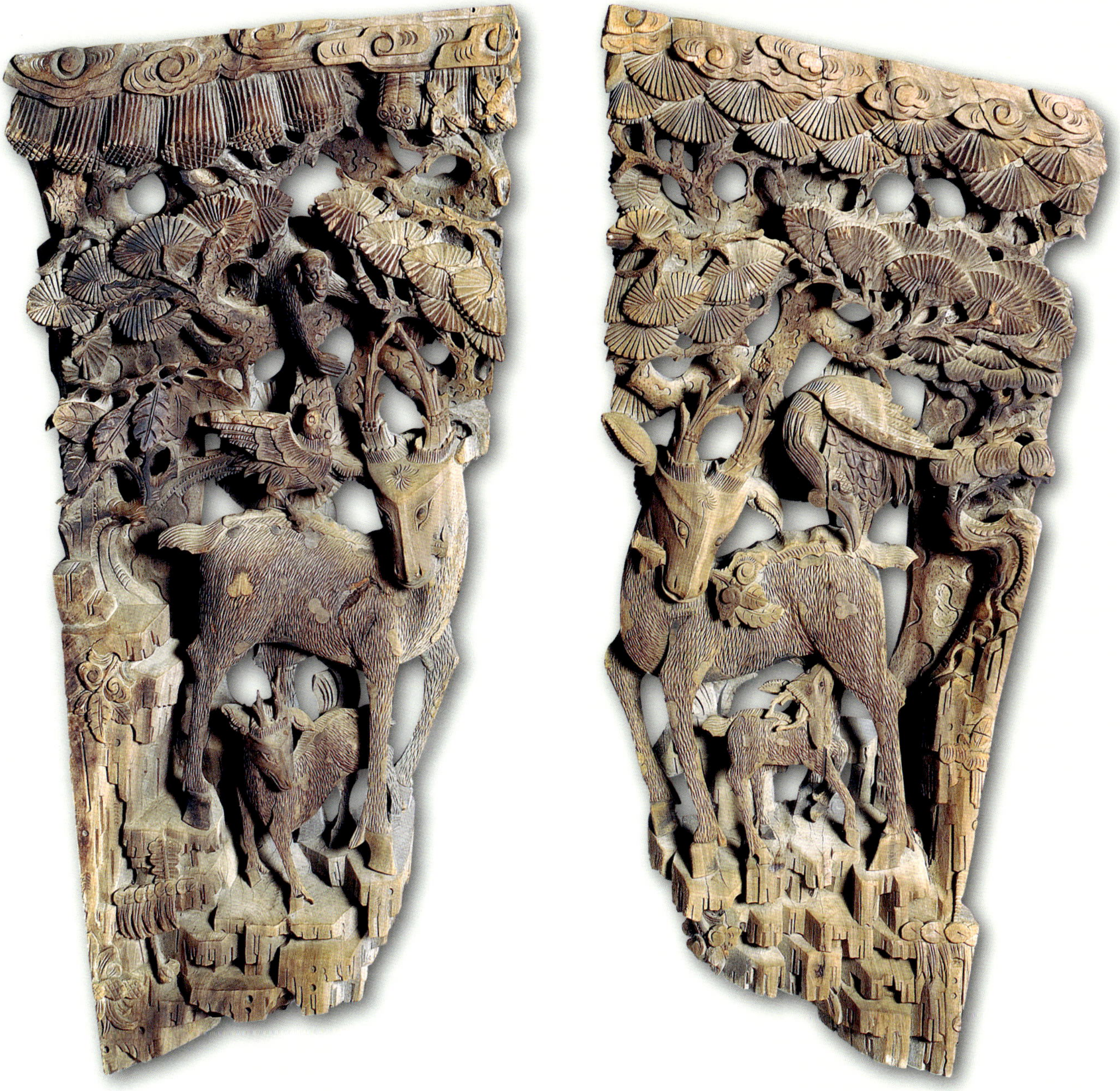

福禄寿　70×35×12cm×2

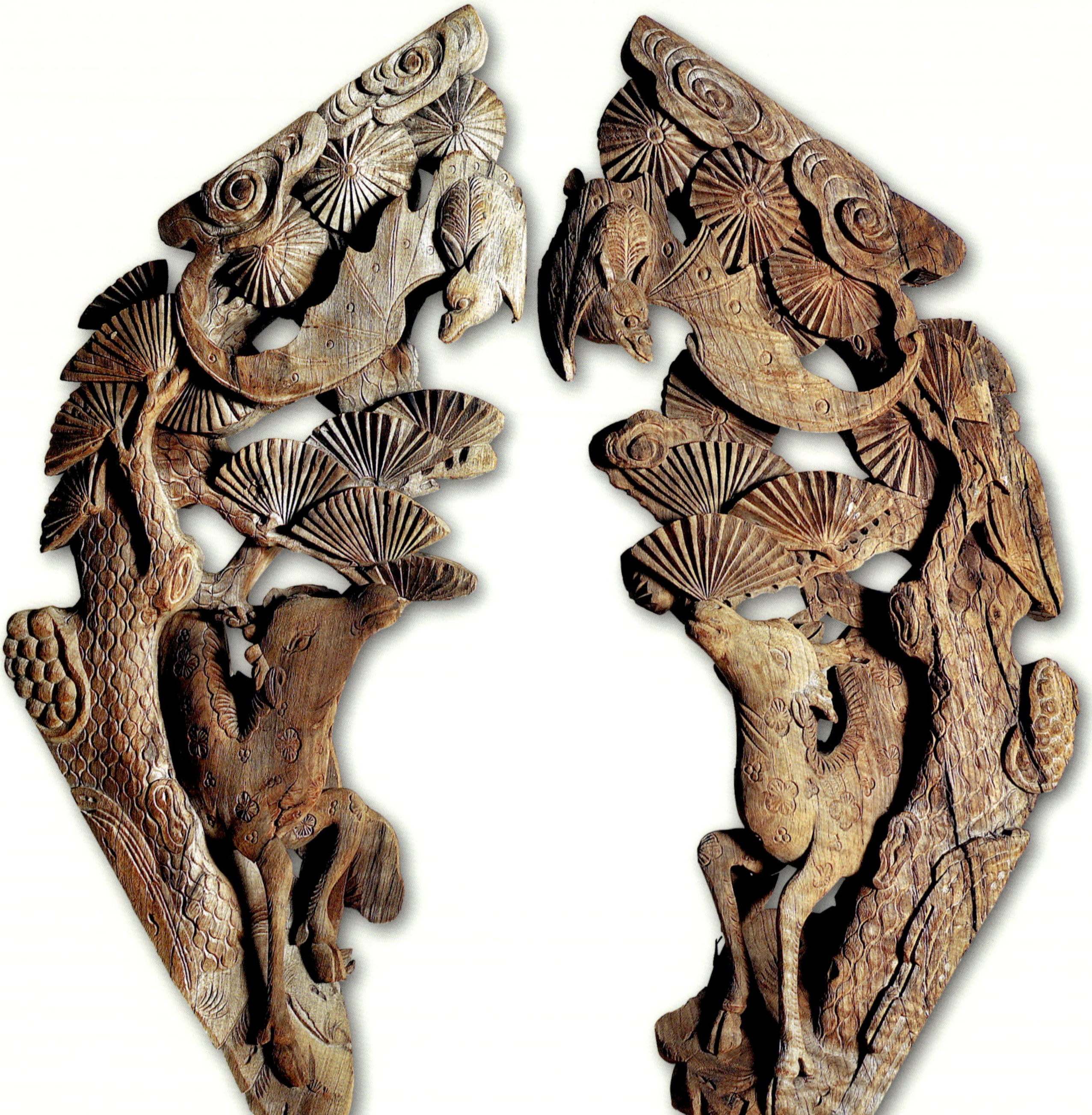

福禄寿　80×35×7cm×2

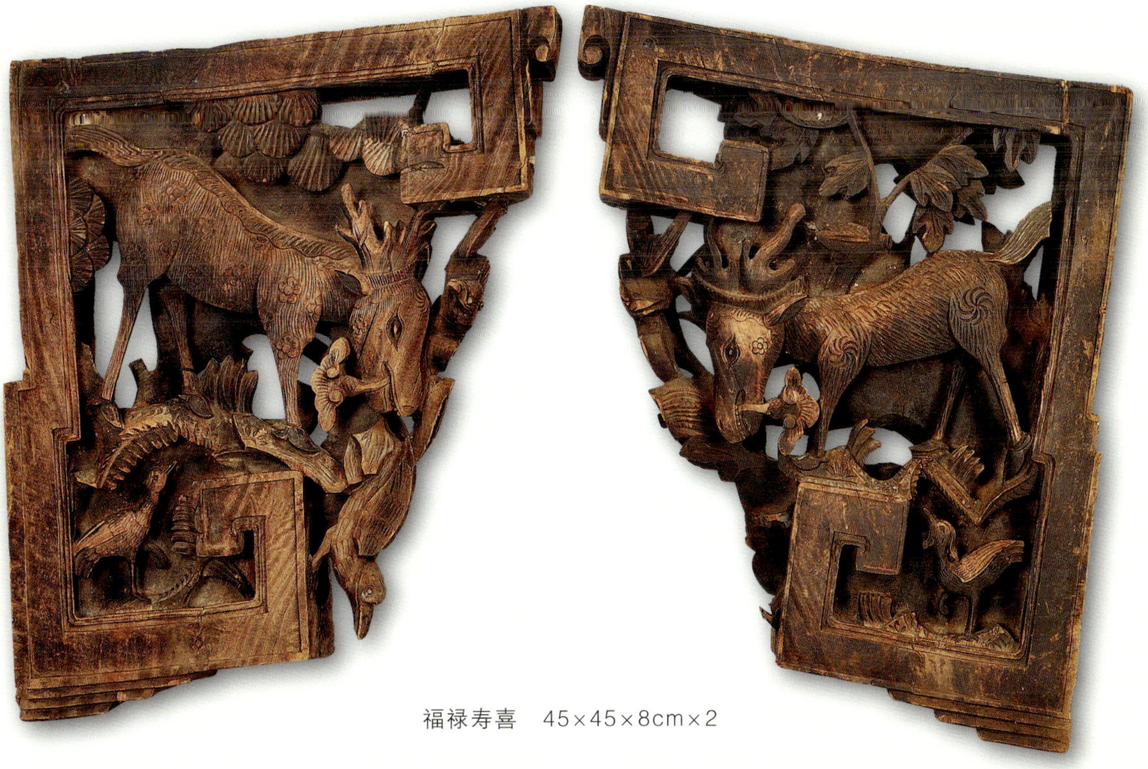

福禄寿喜　45×45×8cm×2

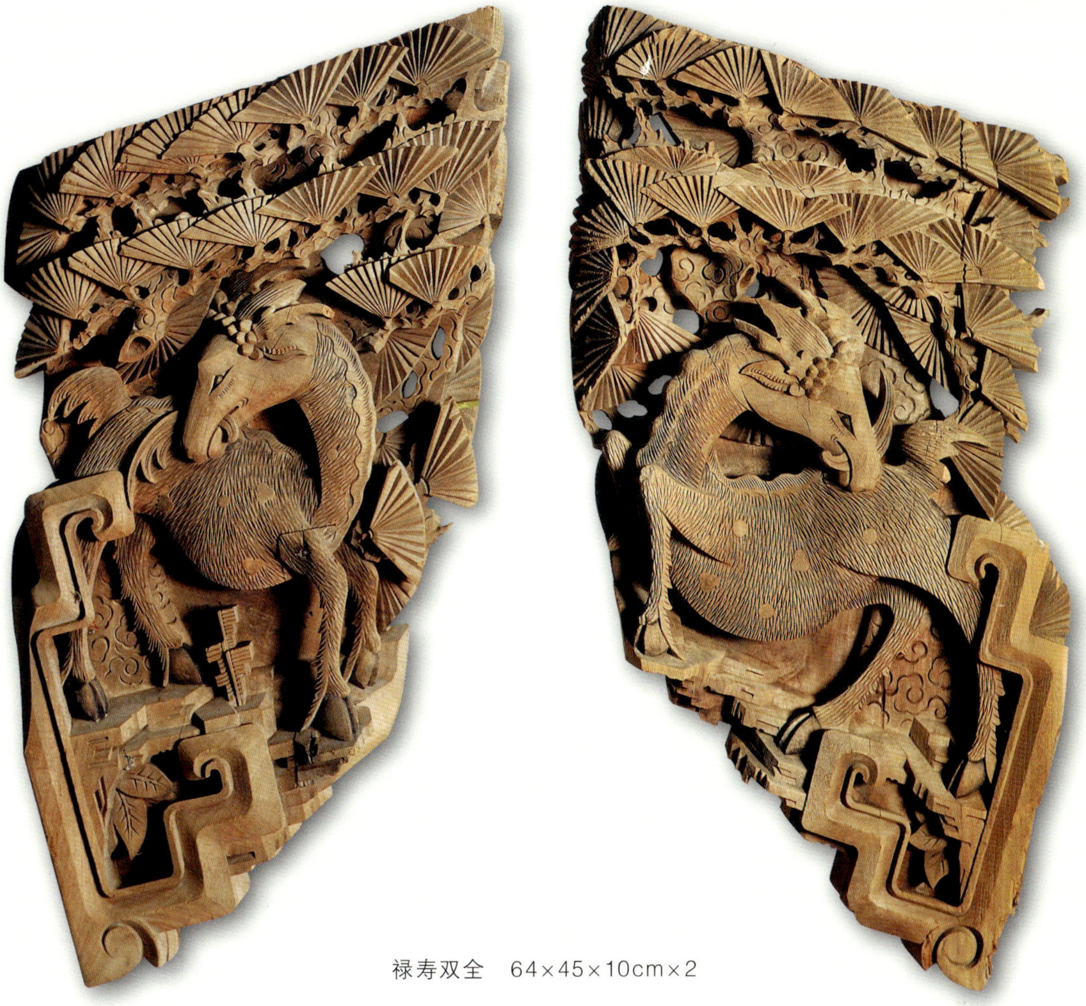

禄寿双全　64×45×10cm×2

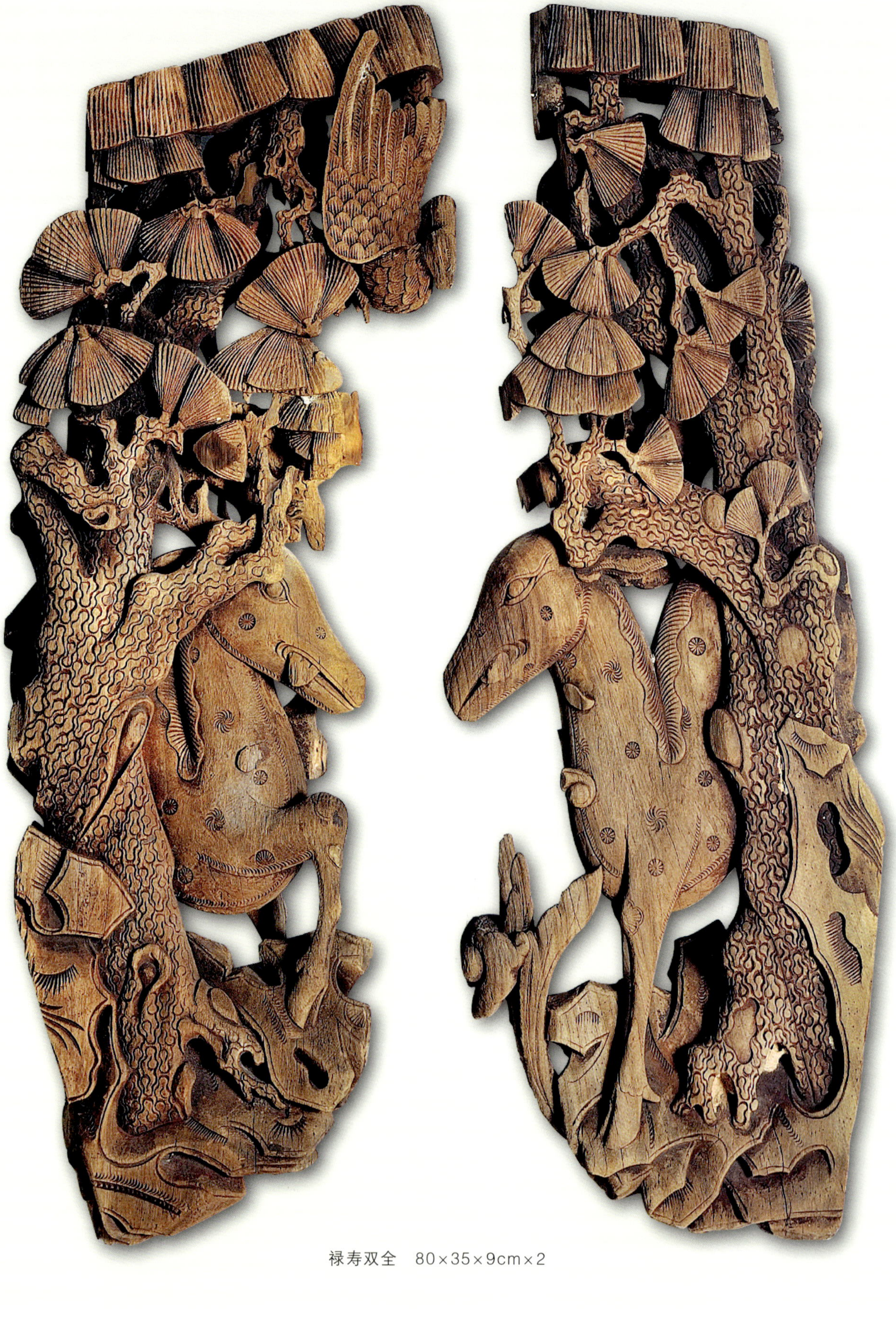

禄寿双全　80×35×9cm×2

福禄吉祥　70×35×10cm×2

禄寿吉祥　68×35×9cm×2

福禄吉祥　50×45×10cm×2

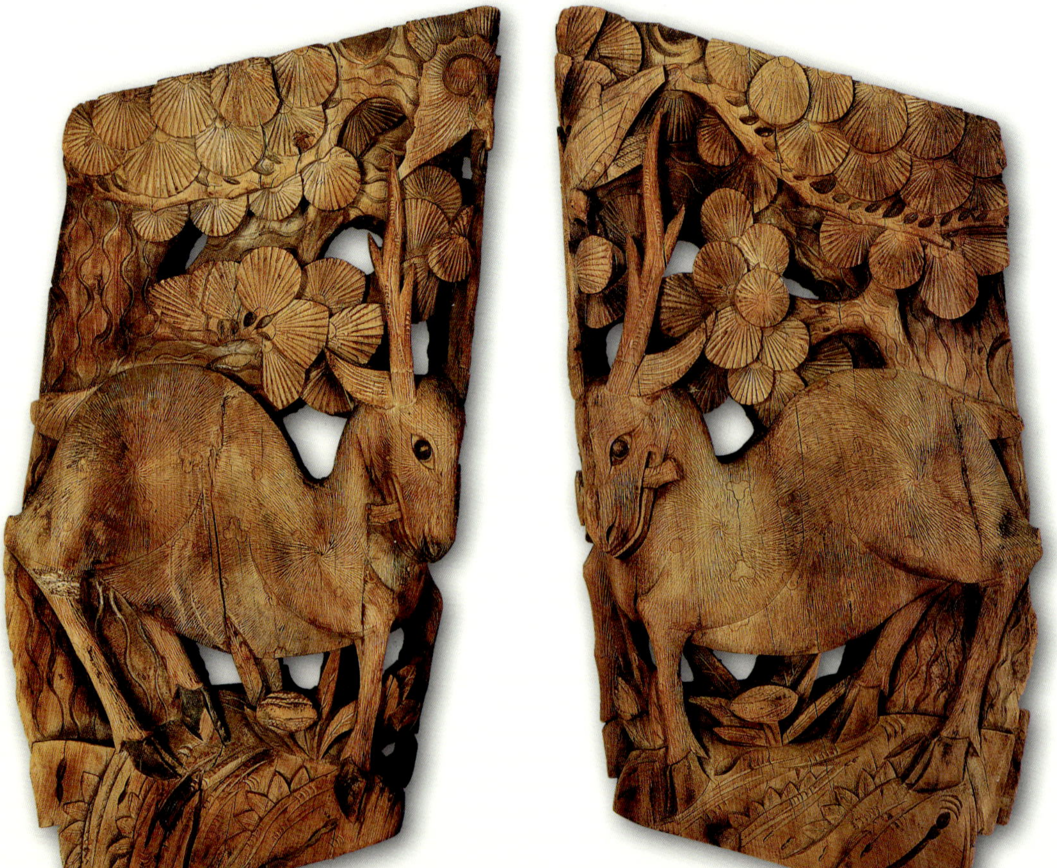

禄寿双全　58×45×11cm×2

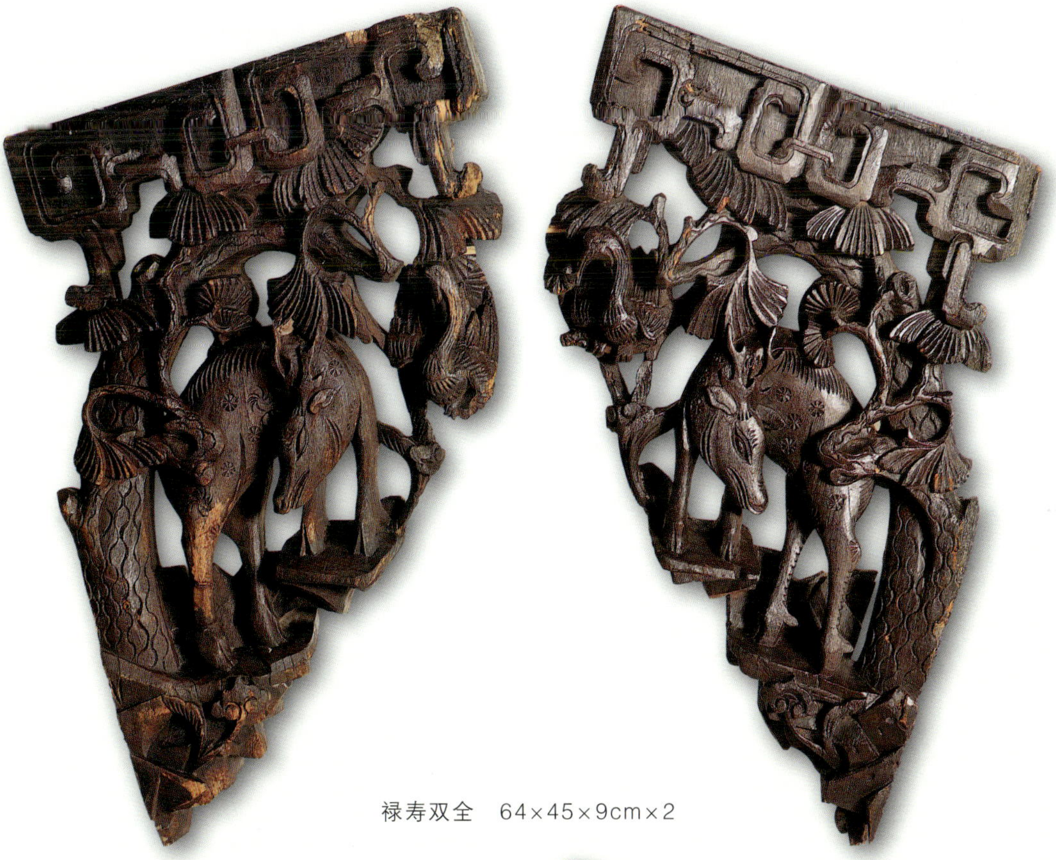

禄寿双全　64×45×9cm×2

福禄寿喜　63×43×8cm×2

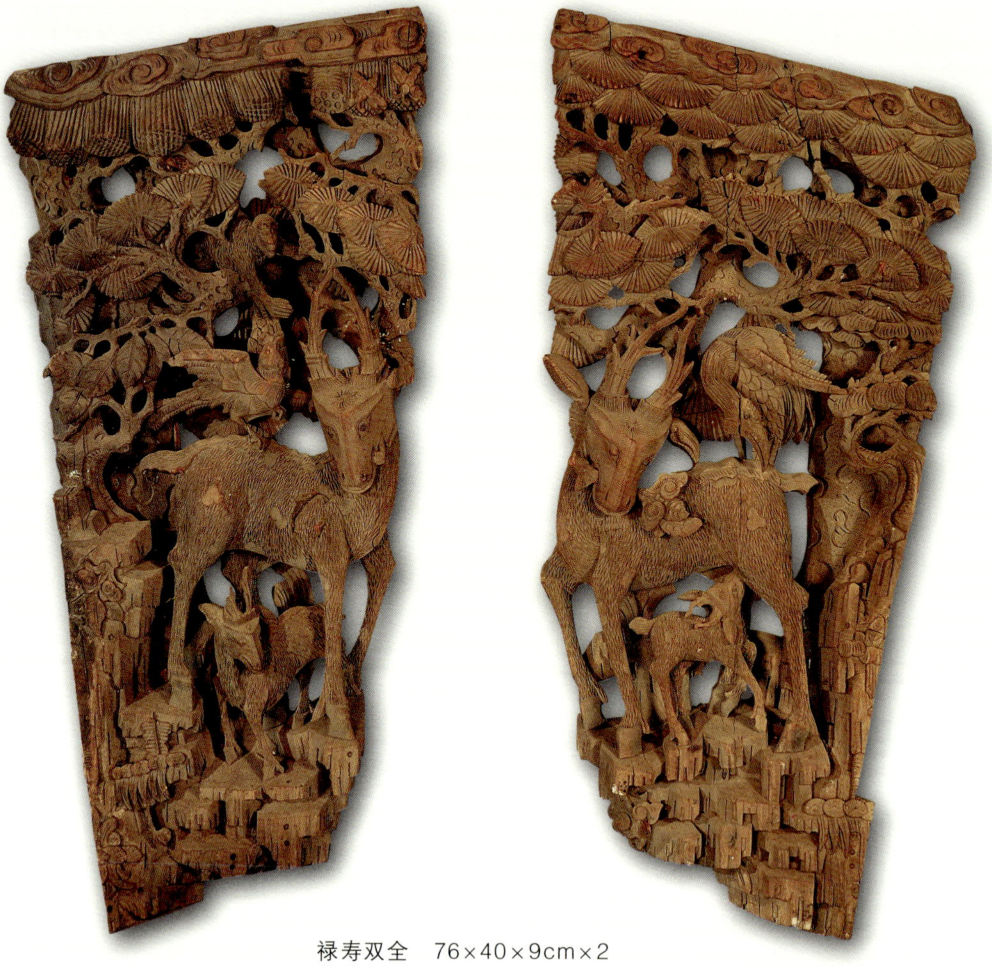

禄寿双全　76×40×9cm×2

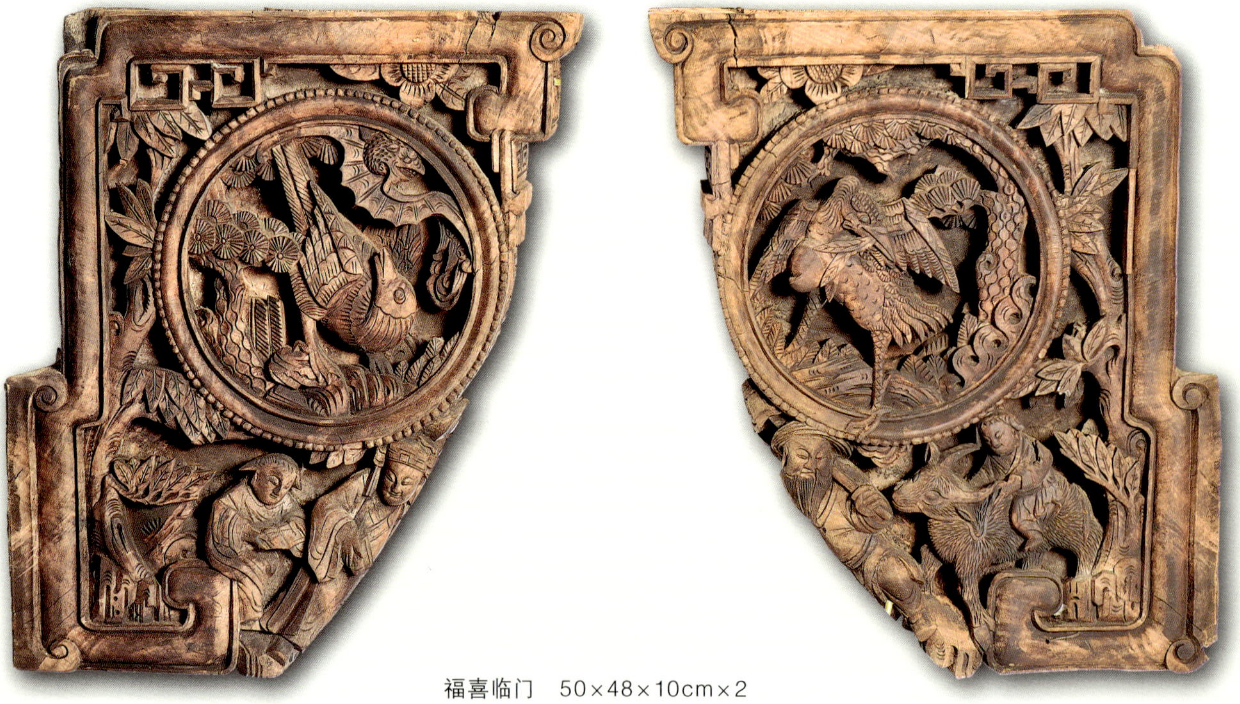

福喜临门　50×48×10cm×2

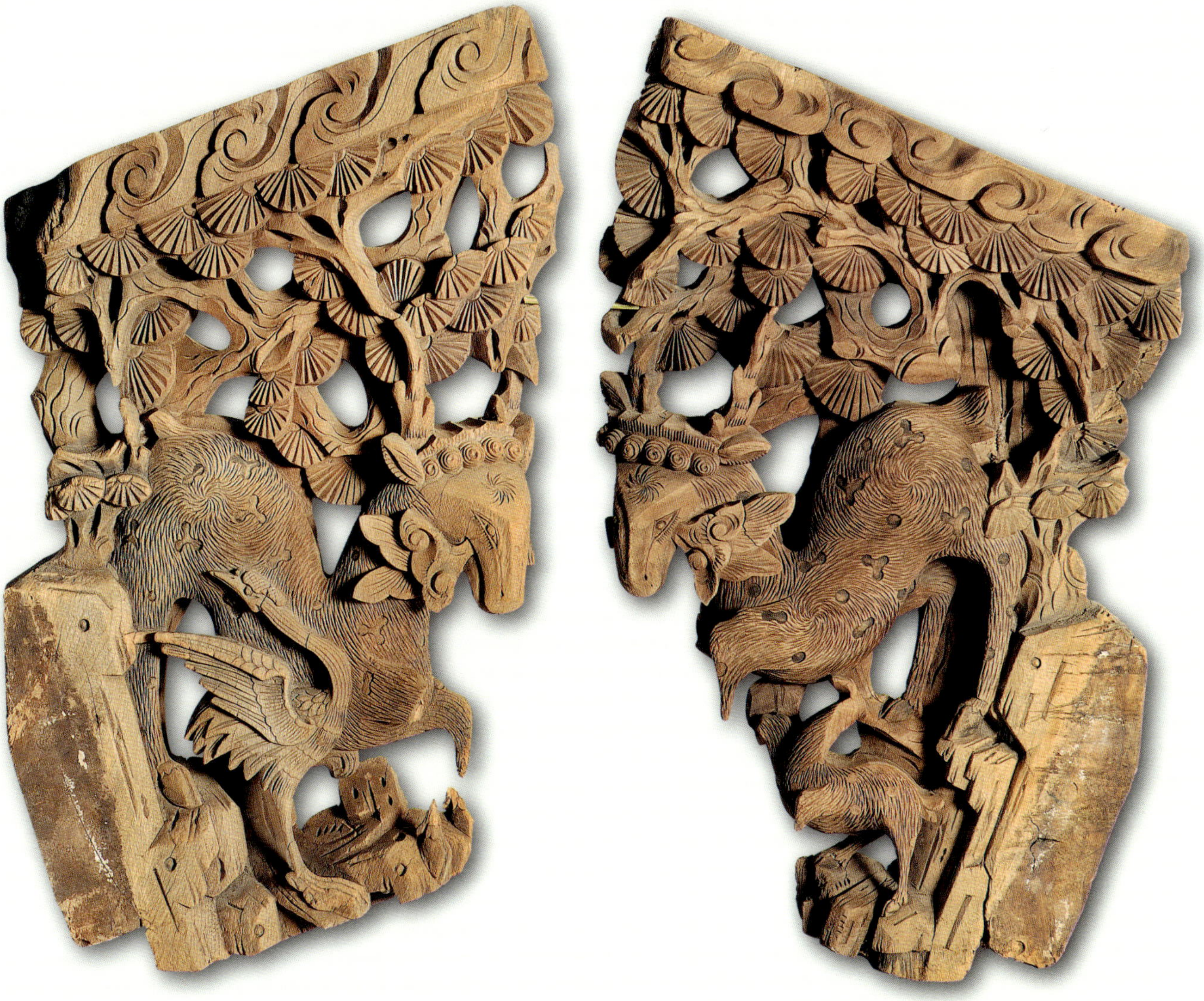

六和（鹿鹤）同春　58×50×10cm×2

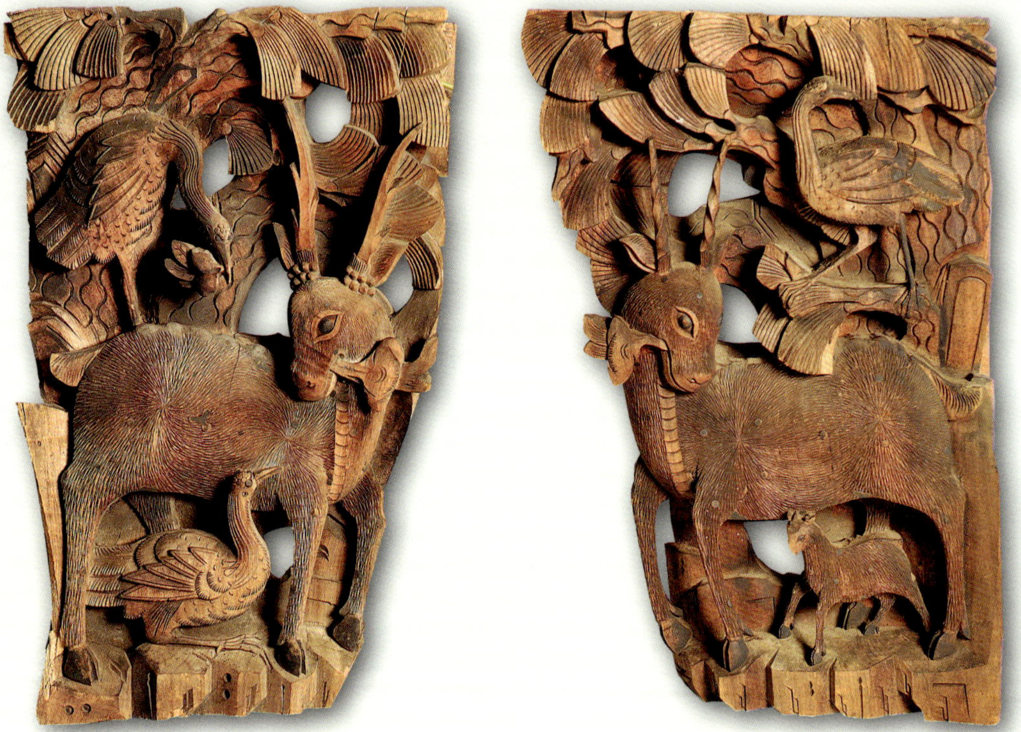

六和（鹿鹤）同春　57×37×10cm×2

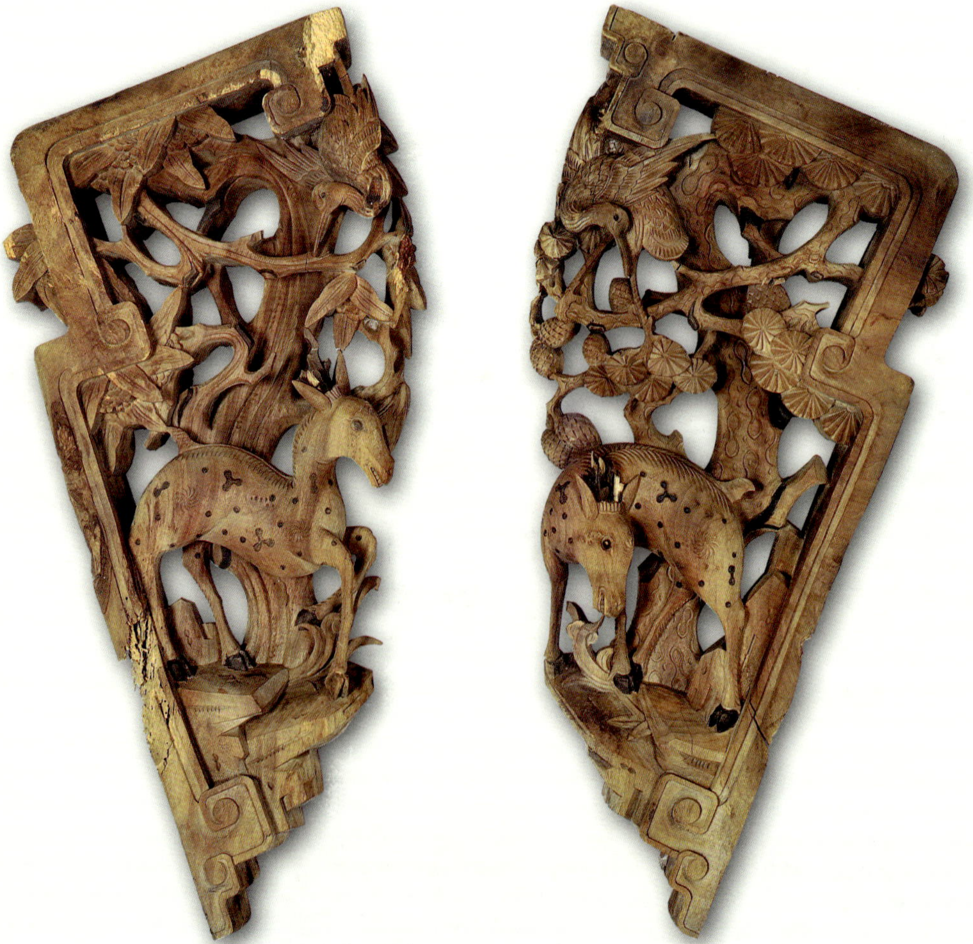

六和（鹿鹤）同春　82×36×12cm×2

合家欢乐（鹿） 60×44×11cm×2

平安吉祥　平安如意

“平安吉祥”、“平安如意”之类的内容是老百姓中最常见的祝福语言，也是木雕牛腿中常见的主题。雕刻的主要内容有花瓶、羊、如意、灵芝、祥云、松树、梅花、喜鹊、鸡、戟、磬、绶带鸟、鱼等花草禽鸟，将它们组合搭配，表达吉祥喜庆的内容。

吉祥平安　65×57×13cm×2

平安如意　57×45×14cm×2

平安如意　58×48×15cm×2

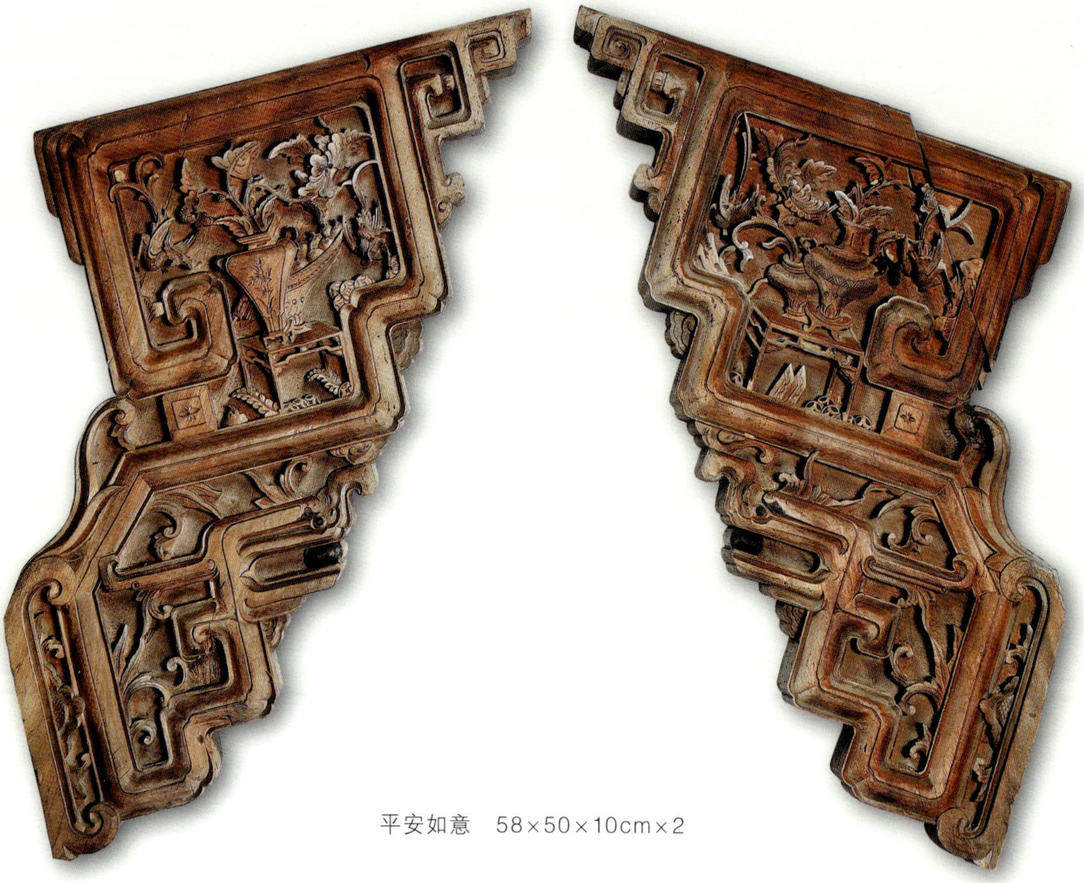

平安如意　58×50×10cm×2

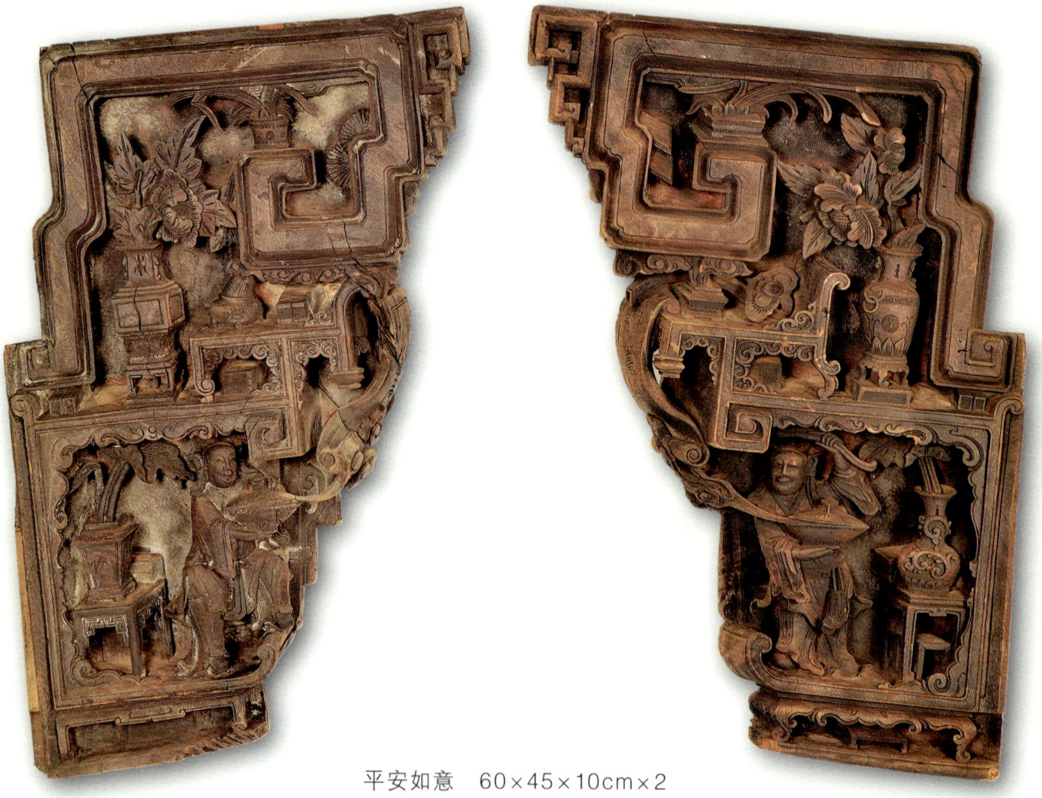

平安如意　60×45×10cm×2

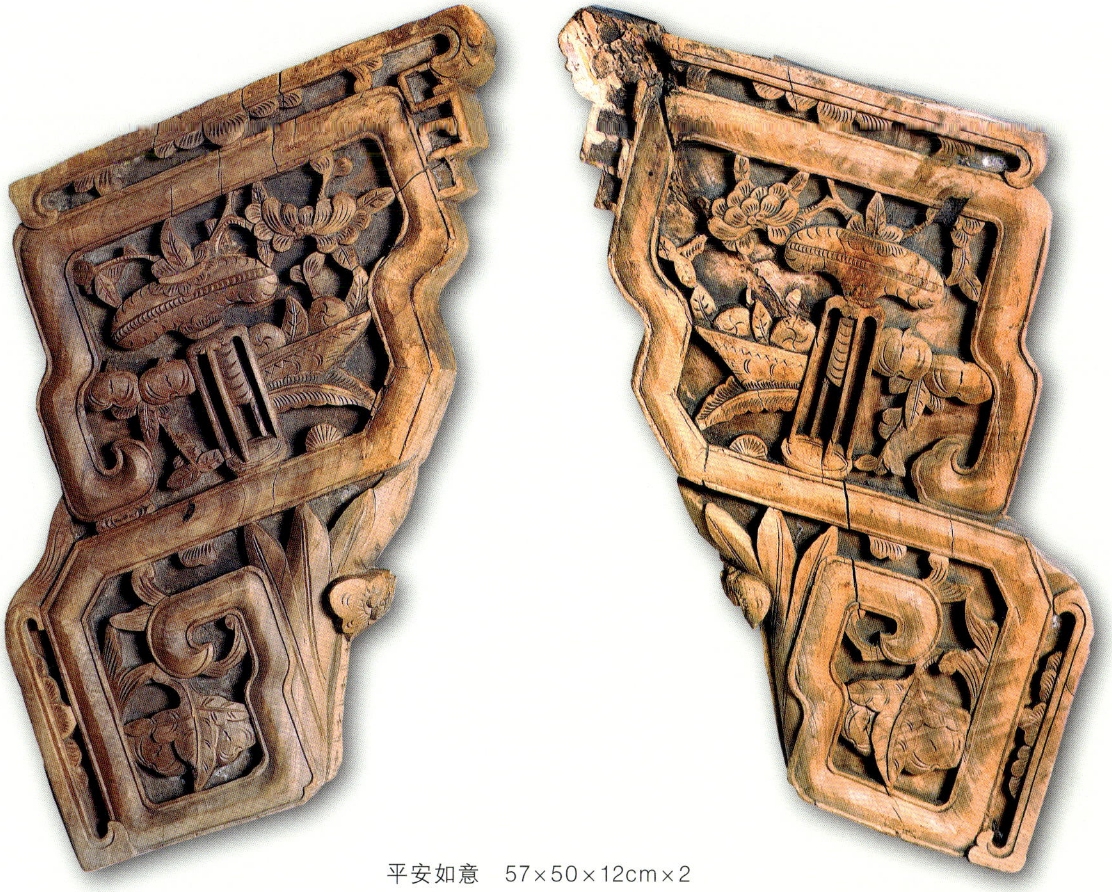

平安如意　57×50×12cm×2

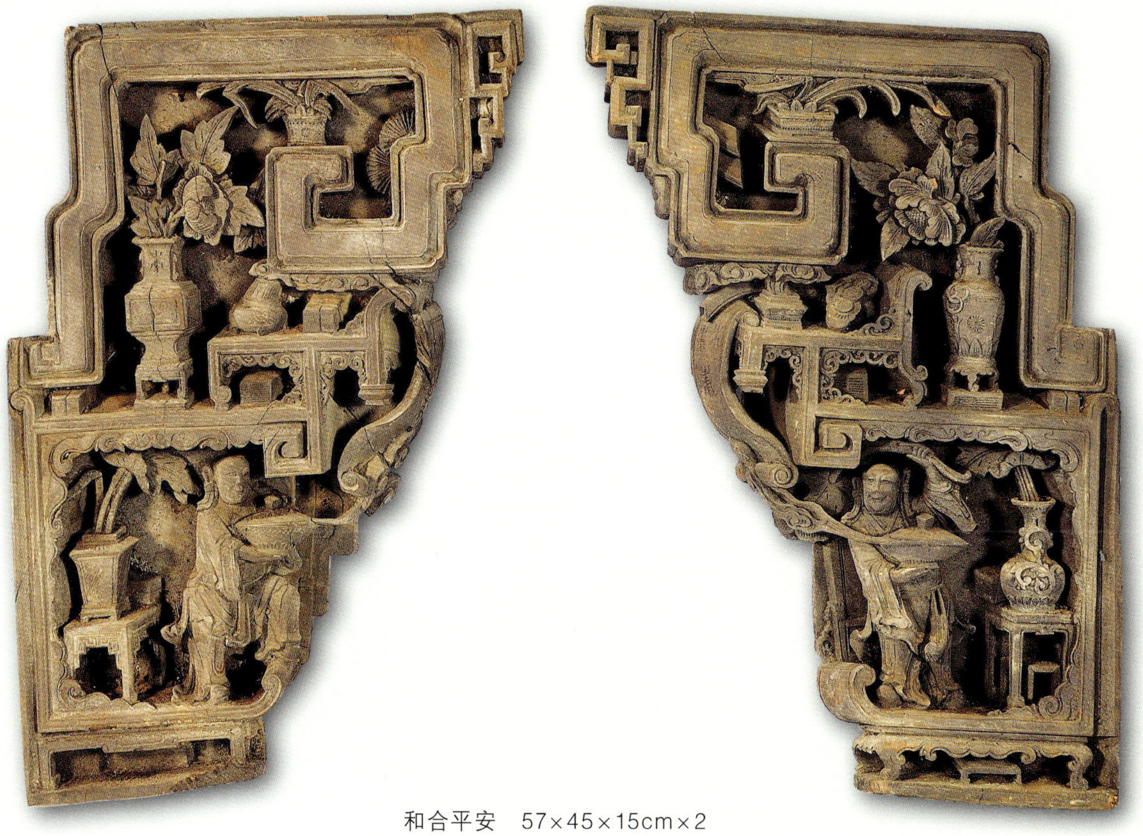

和合平安　57×45×15cm×2

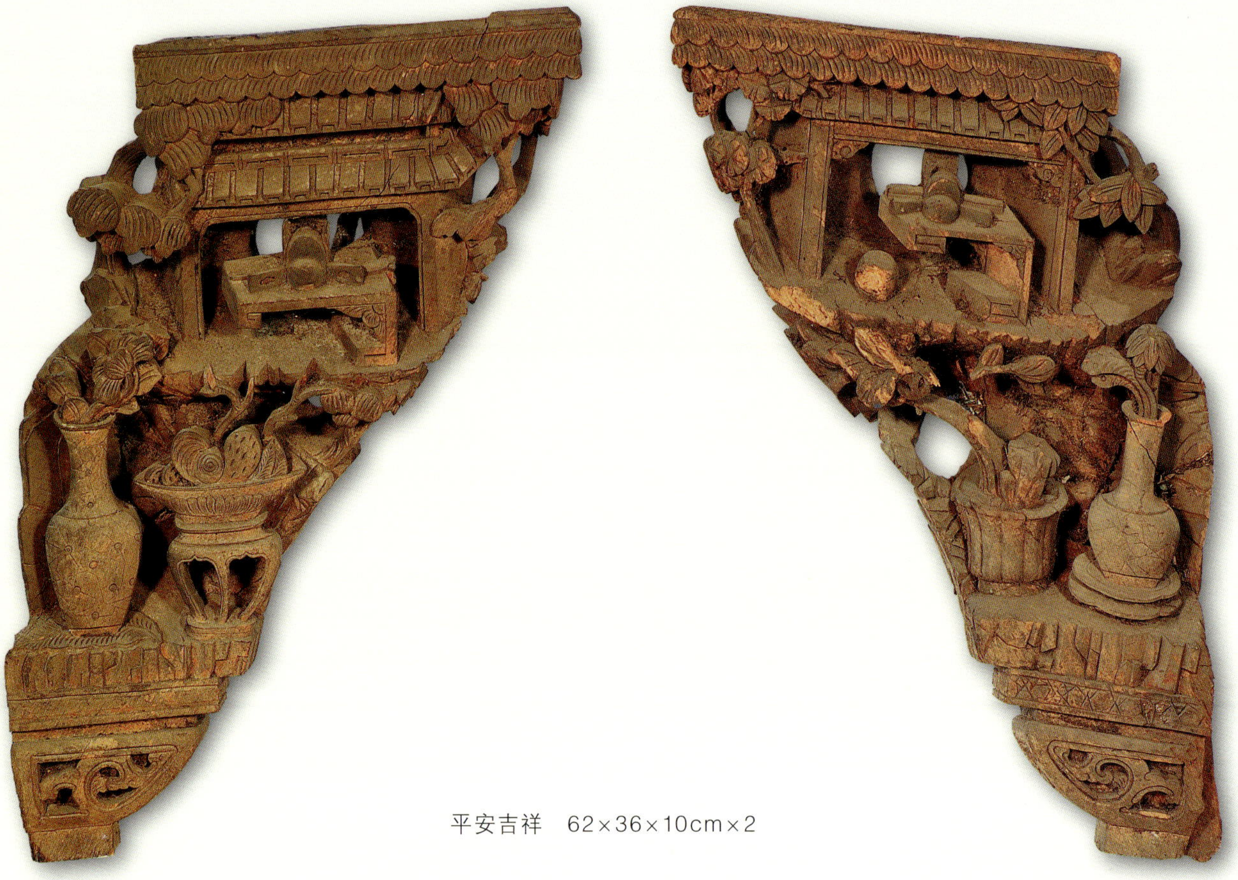

平安吉祥　62×36×10cm×2

平（瓶）升三级（戟）　61×41×8cm×2

福寿平安　65×36×10cm×2

平安长寿　60×40×10cm×2

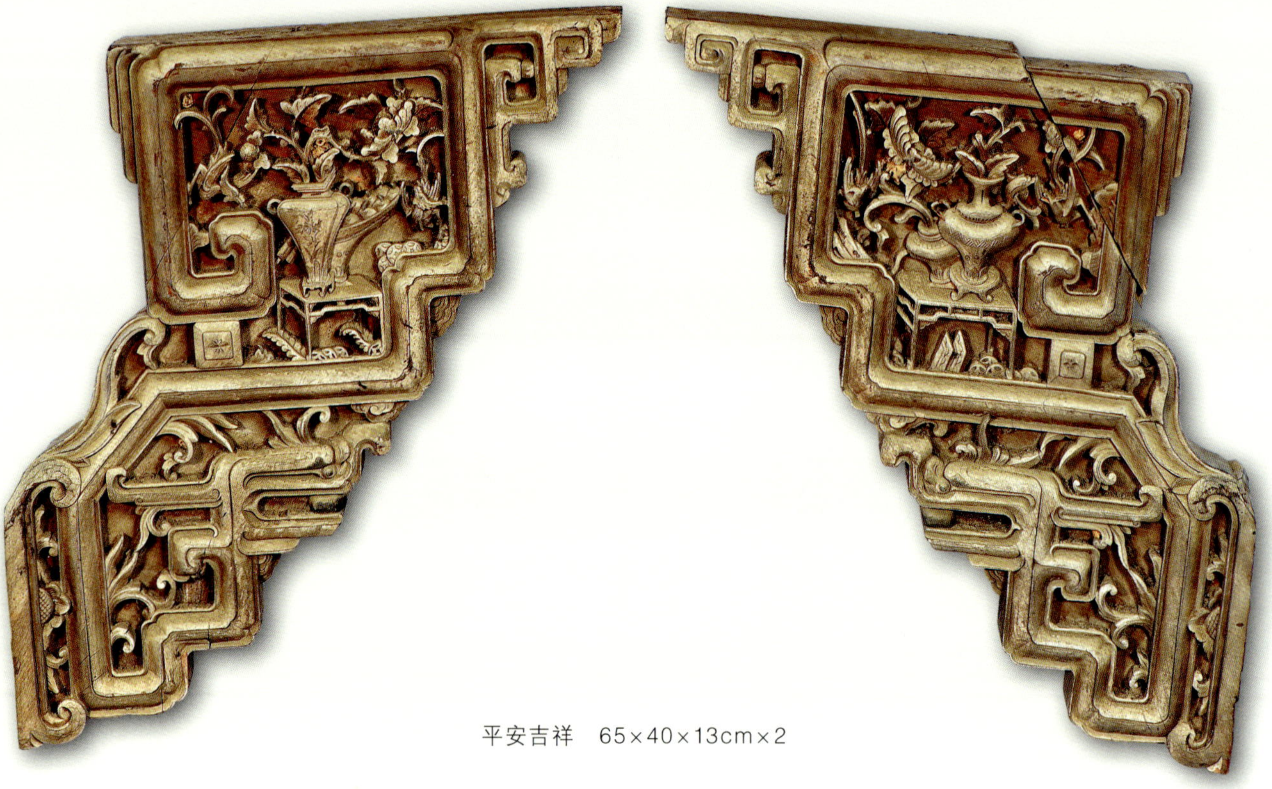

平安吉祥　65×40×13cm×2

平安如意　63×38×12cm×2

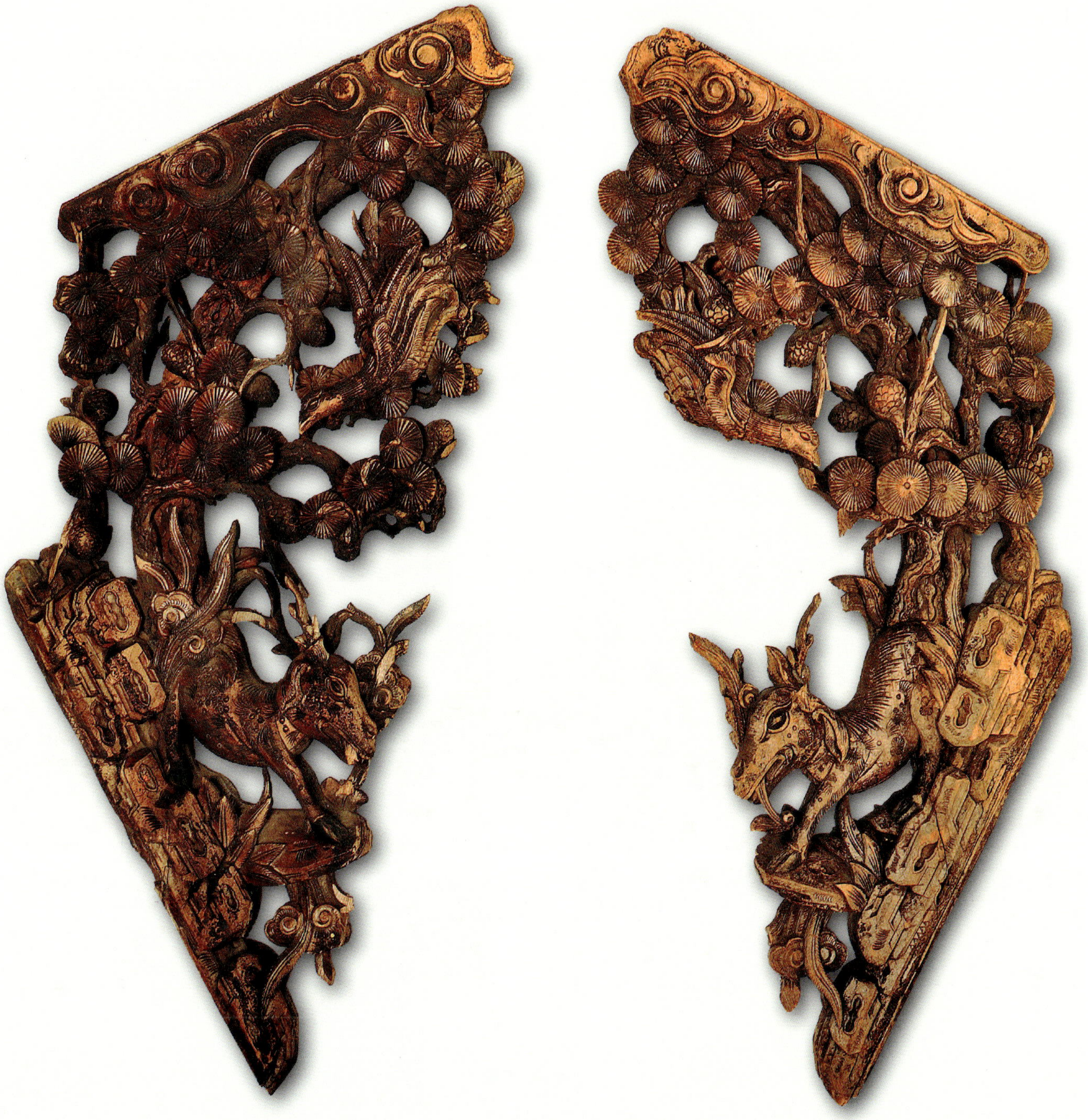

多福多财多寿　75×32×6cm×2

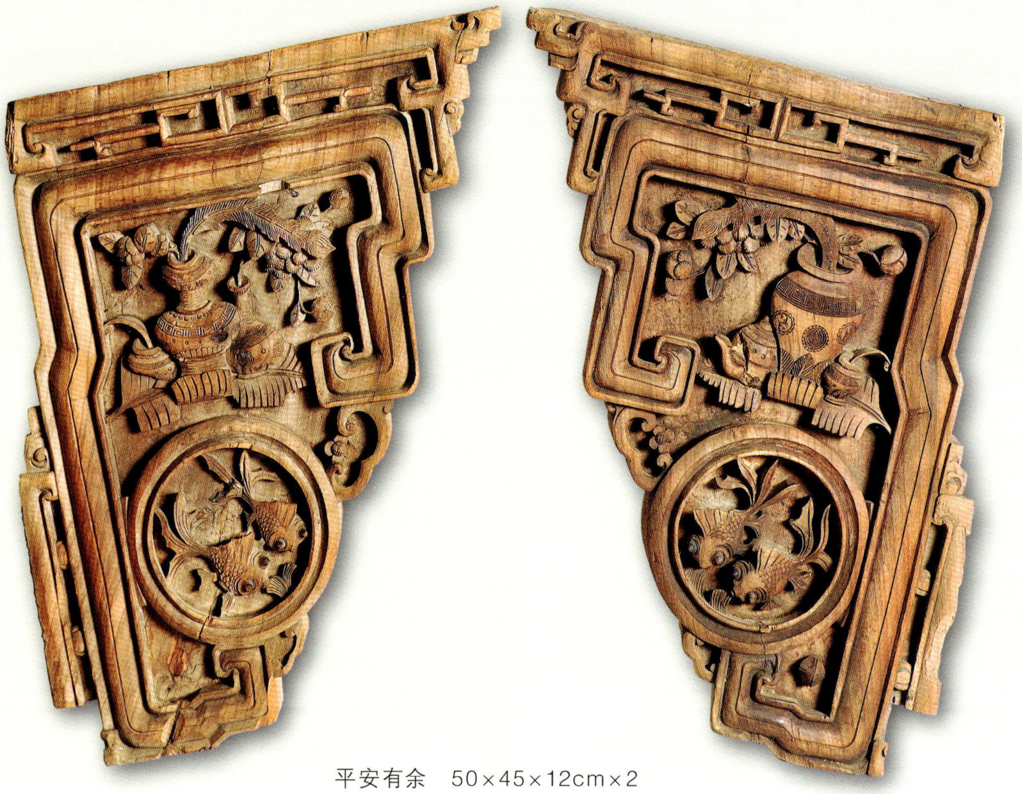

平安有余　50×45×12cm×2

平平安安　70×35×15cm×2

福寿吉祥　50×45×12cm

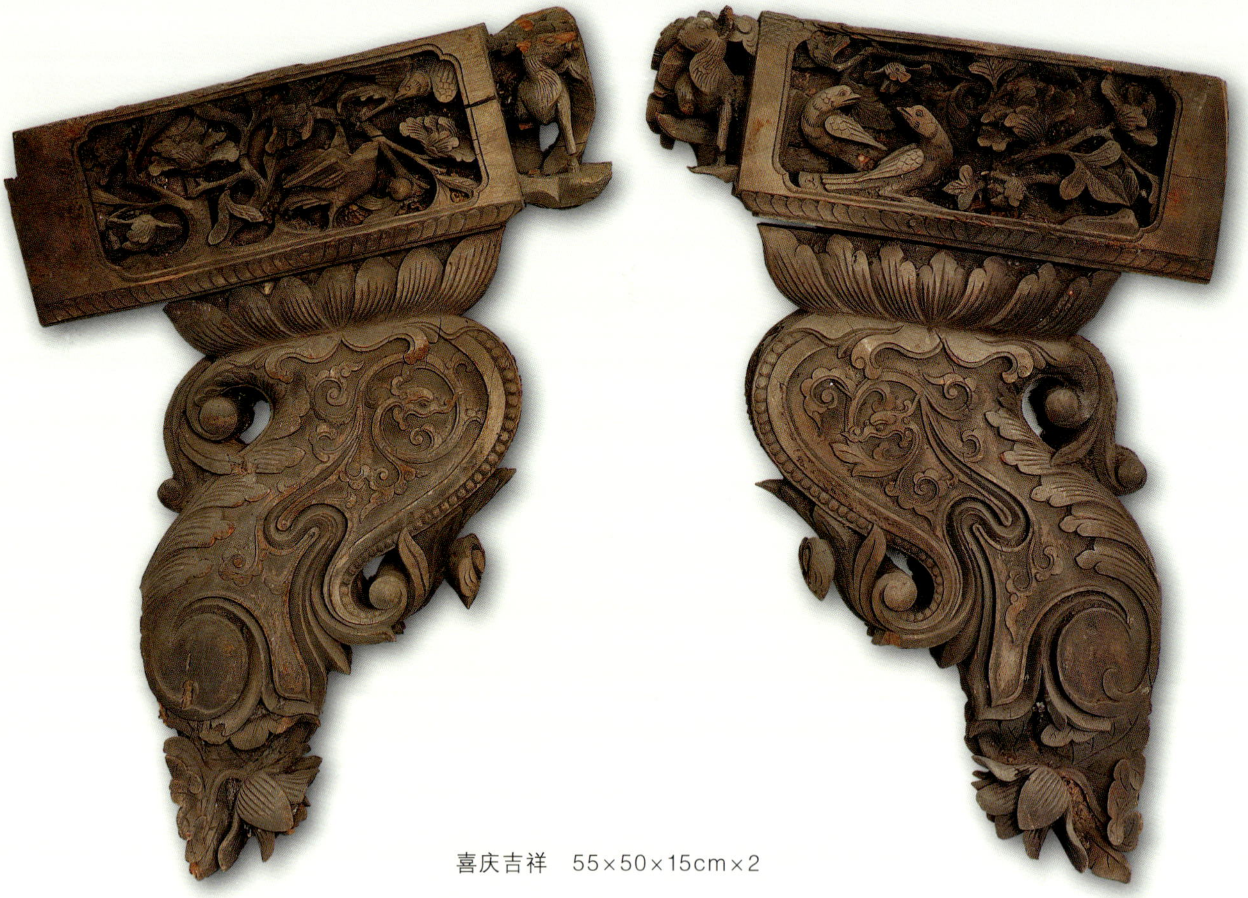

喜庆吉祥 55×50×15cm×2

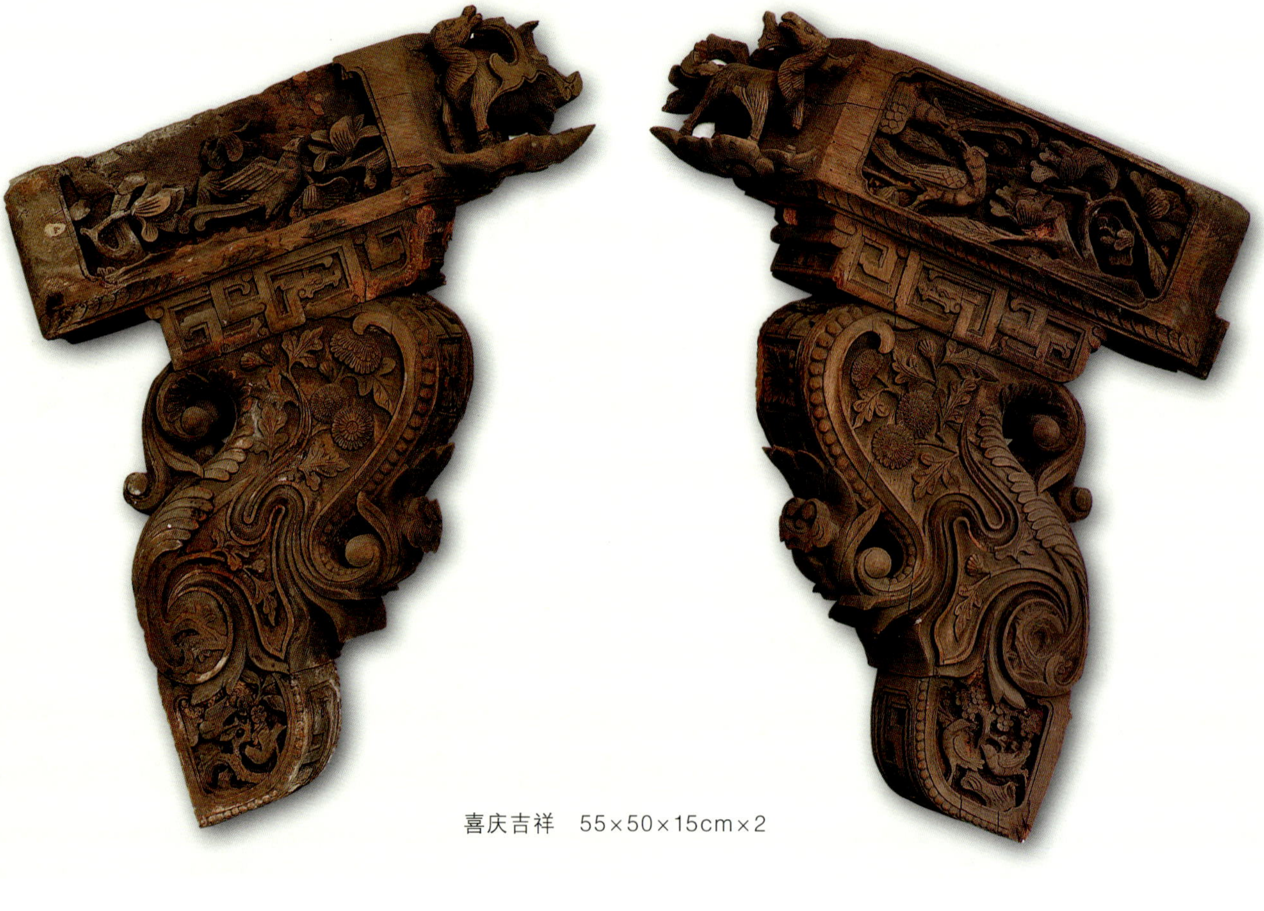

喜庆吉祥 55×50×15cm×2

举家欢乐

“举家欢乐”的内容主要雕刻的是菊花、喜鹊、牡丹、万年青等一类的花鸟。取其谐音，表示祝福和期盼。

举（菊）家欢乐　68×35×16cm×2

举家欢乐　66×40×10cm×2

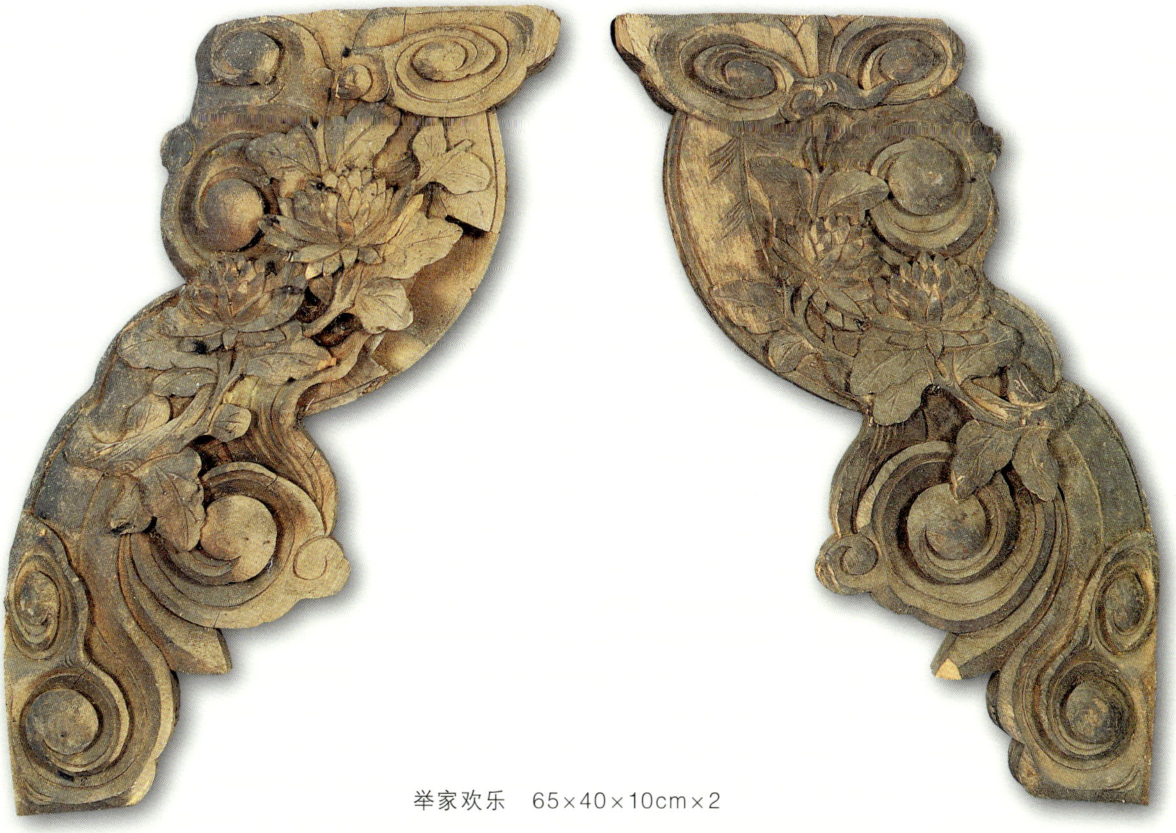

举家欢乐　65×40×10cm×2

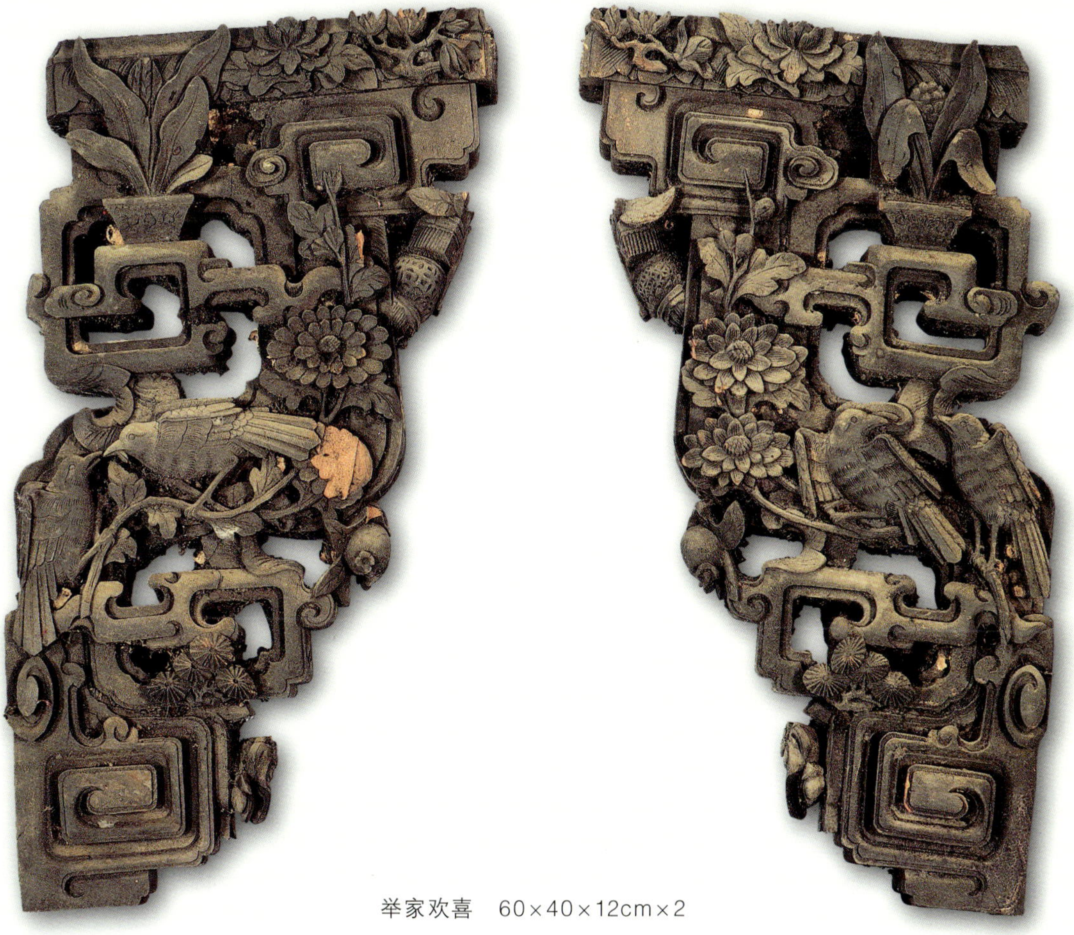

举家欢喜　60×40×12cm×2

举家欢乐　60×30×15cm×2

举家欢喜　53×50×10cm×2

马上登基

学而优则仕，是古人的理想；升官发财，是人们的追求。虽然做皇帝、当官只能是少数人的事，但人们还是往往作为一种希望，把这一类的内容反映在木雕牛腿上。因此用鸡和马等构图，形成“马上登基”的内涵。

马上登基　65×55×12cm×2

马上登基　75×40×12cm×2

花开富贵　富贵白头

牡丹花是富贵花，常在雕刻中用来表示富贵的内涵；白头鸟常用来指代白头偕老；其他如喜鹊、梅花、松树等也有和牡丹组合，表示“富贵白头”、“富贵长寿”之类的主题。

花开富贵　60×55×13cm×2

花开富贵　55×45×13cm

花开富贵　75×30×8cm×2

富贵白头　20×43×7cm×2

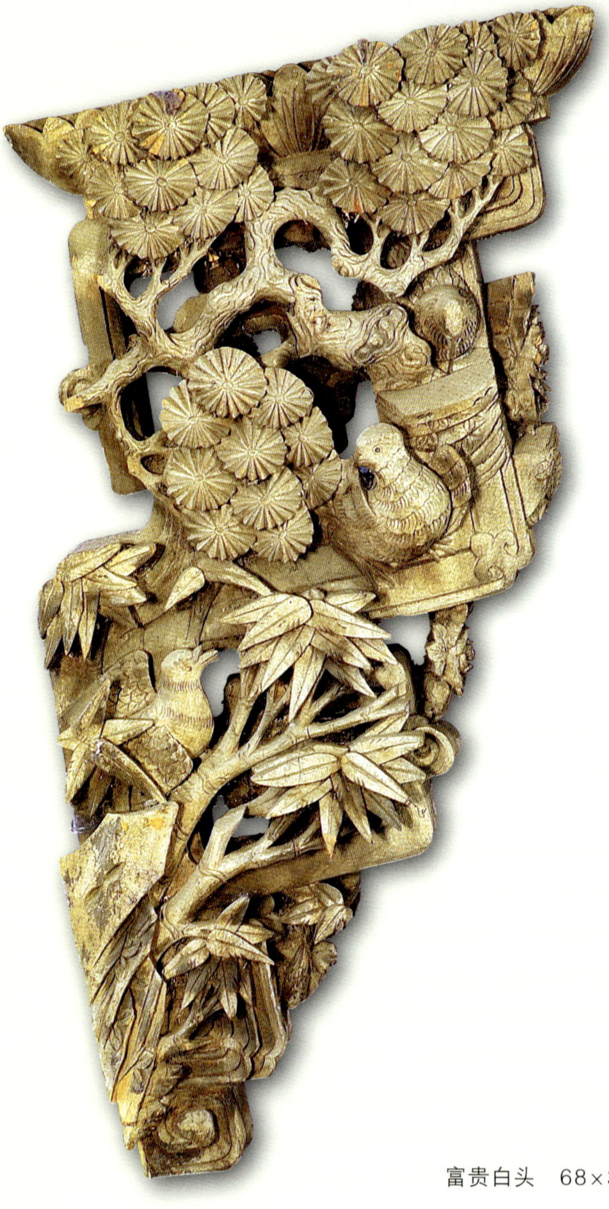

富贵白头　68×38×11cm×2

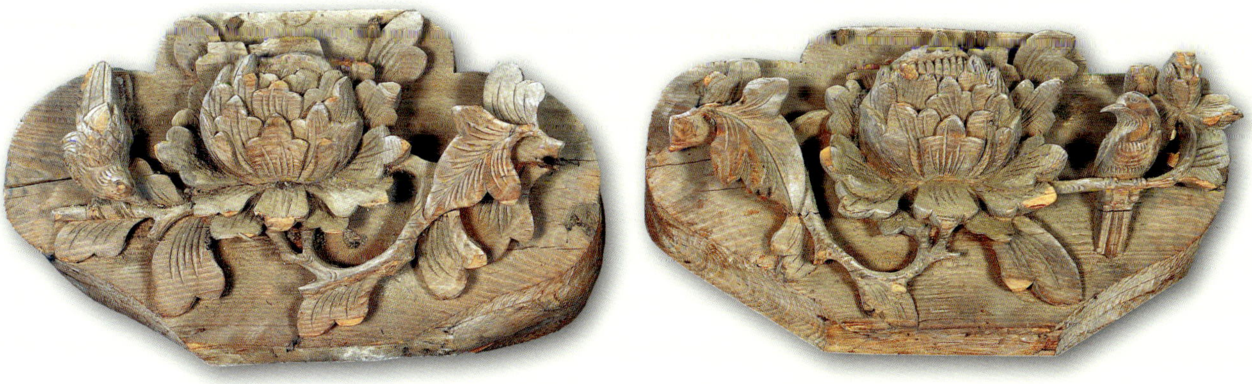

喜鹊牡丹　44×24×20cm×2

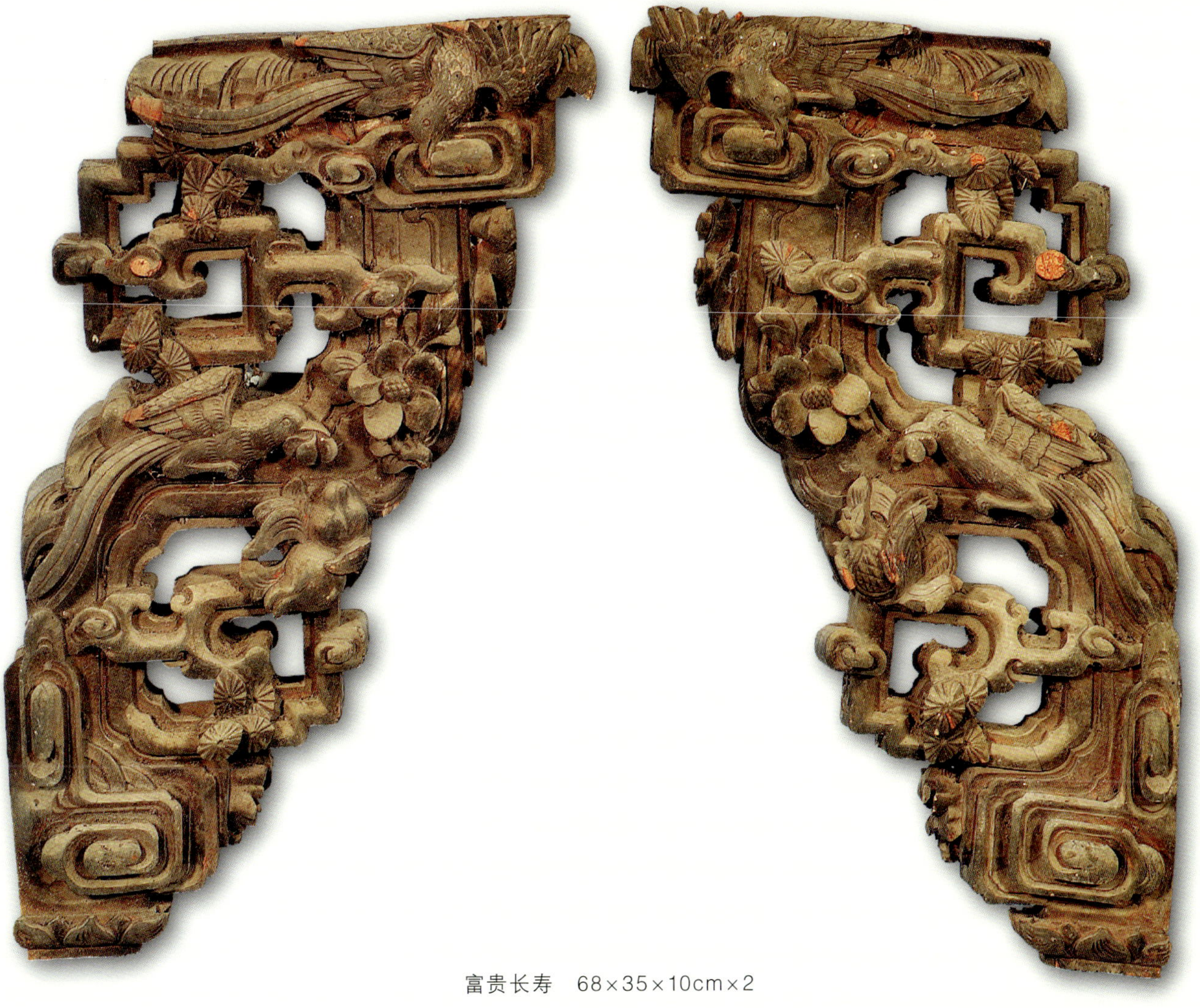

富贵长寿　68×35×10cm×2

事事如意

下面的一组牛腿，皆是以狮子为谐音，寓意“事事如意”，表示对吉祥、幸福的企盼。狮子的造型姿态各异，生动传神。雕刻手法有镂雕、深浮雕、浅浮雕等。

事事如意　60×57×15cm×2

事事如意　60×43×16cm×2

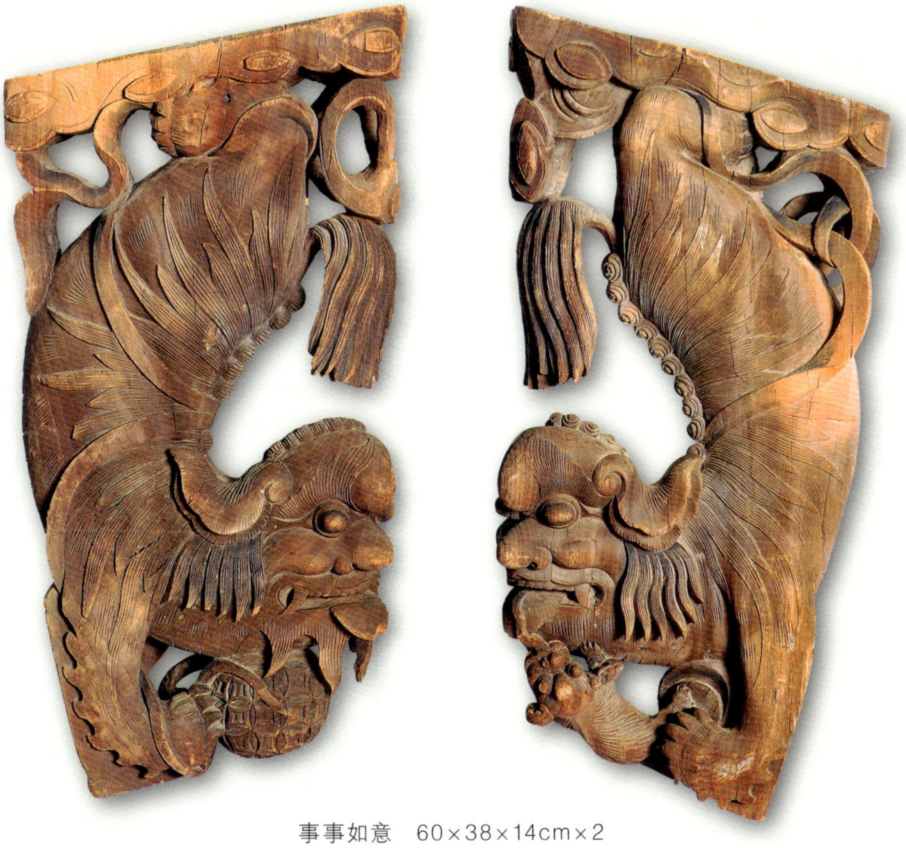

事事如意　60×38×14cm×2

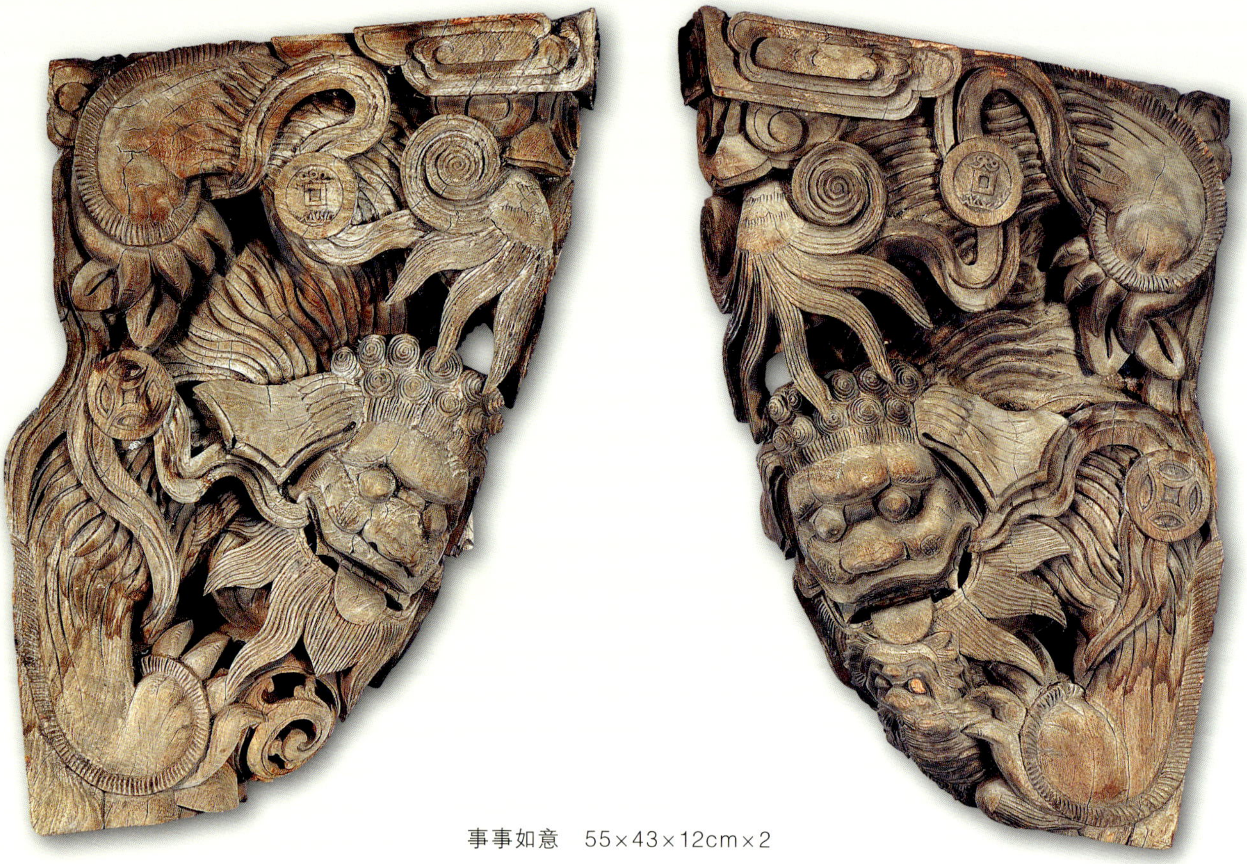

事事如意　55×43×12cm×2

事事如意　53×45×11cm×2

事事如意　70×49×10cm×2

事事如意　24×43×15cm×2

事事如意　24×43×15cm×2

狮子滚绣球　75×30×10cm×2

太师、少师　75×55×17cm×2

喜事连连　75×30×10cm×2

左：狮子绣球　右：松鼠葡萄　58×55×12cm×2

龙凤呈祥

世上本没有龙，也没有凤。龙和凤是我们的远祖想象出来的瑞兽、灵禽。龙，是古人对鱼、鳄、蛇、猪、马、牛等动物和雷电、云虹等自然天象模糊集合而产生的一种神物，被称为“百兽之君”。凤，是古人对多种鸟禽和某些游走动物模糊集合而产生的一种神物，被称为“百鸟之王”。这一君一王走到一起，便“龙飞凤舞”、“龙凤呈祥”了。早在七八千年前的新石器时期，龙和凤就成了我们的先人崇拜的对象。作为一种文化现象，它们都是中华民族的图章、徽记、标志和象征。历史上曾经把孔子称作龙，老子称作凤；把皇帝称作龙，皇后称作凤。把一切美好的事情归结为龙凤的出现。汉人孔鲋在《孔丛子》中就写到：“天子布德，将致太平，则麟凤龟龙先为之呈祥。”因此，龙和凤自古以来就代表着吉祥如意，龙凤一起多表示喜庆之事。“龙凤呈祥”也常用来形容夫妻比翼双飞、恩爱相随、相濡以沫、恰和百年的忠贞爱情。有这样一个动人的故事：春秋时代，秦穆公的女儿名弄玉，姿容无双，生来爱玉，善吹笙。父亲择婿，找了好多才貌双全的男子，弄玉皆不中意，她一心要找一个善奏乐器的高手。一天夜里，她对月吹笙，表达对爱情的神往。忽然一阵袅袅的箫声相和而起。接着，一连几夜，笙箫谐奏，笙如龙吟，箫似凤鸣，宛如人间仙乐，声闻方圆百里。穆公命人把吹箫人箫史从其隐居的华山脚下找来，弄玉一见钟情，旋即结为连理。后来，弄玉随箫史回到山野，每次笙箫合奏，即见龙飞凤舞，祥云翻腾。夫妻恩爱遂和龙凤呈祥连在了一起！

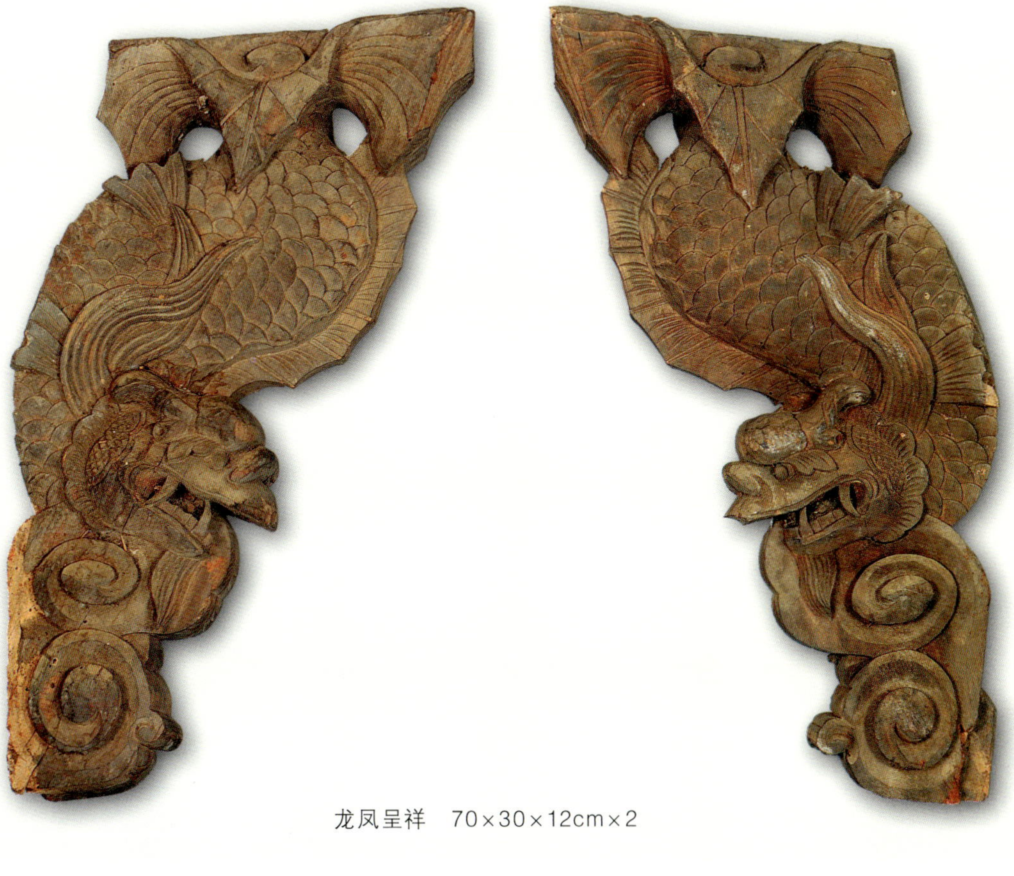

龙凤呈祥　70×30×12cm×2

龙凤呈祥　86×30×6cm×2

鱼化龙　60×30×10cm×2

鱼化龙　63×42×10cm×2

鱼跃龙门等

第68页到71页的11对牛腿分别雕刻的是鱼、凤凰、狮子、莲蓬、松鼠、葡萄、芭蕉、鹿、大象、菊花、鸳鸯、石榴、龙、各种香草、神鸟等等，表达的是欢乐喜庆、理想和追求。

鱼跃龙门　60×30×10cm×2

年年有余　70×25×7cm×2

龙头鱼身图　74×26×6.5cm×2

狮头鱼身图　55×30×8cm×2

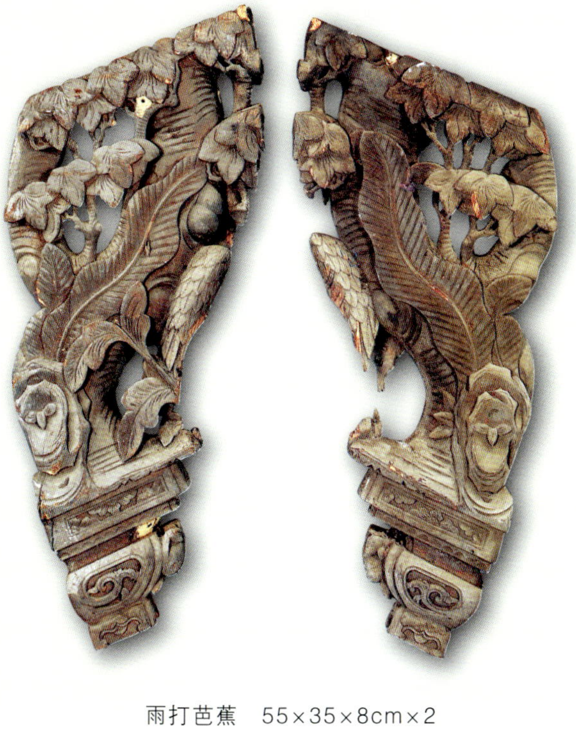

雨打芭蕉　55×35×8cm×2

鹿象禽鸟图　55×45×10cm×2

倒趴狮撑拱　70×25×8cm×2

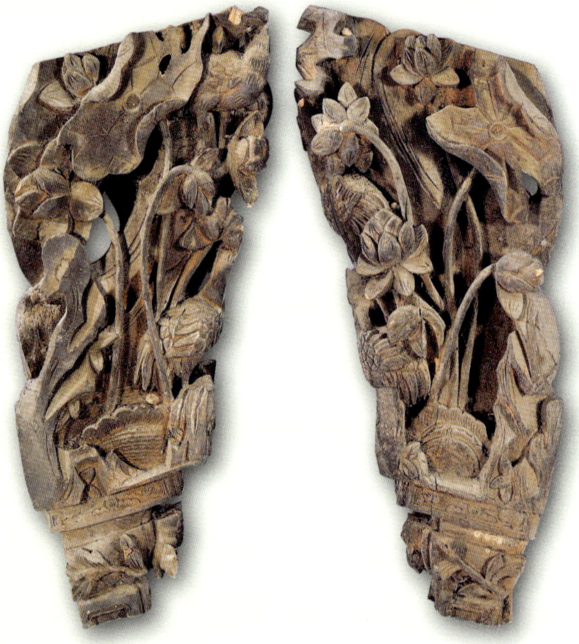

鸳鸯莲花　60×45×10cm×2

鸾凤和鸣　65×55×15cm×2

多子多福　60×45×13cm×2

二龙戏珠　65×30×12cm×2

纹饰图案

牛腿雕刻有各种不同的纹饰图案，如云锦纹、拐子龙纹、回字纹、昌字文、卍字纹、S文、草龙花纹饰等等。这些纹饰本身既构成多姿多彩的画面，又往往作为一方牛腿的框架，在其中雕刻各种花鸟禽兽以及人物等，表达出更为丰富多彩的内涵。美感容易一目了然，具体内容却需要仔细辨认。

云锦飘带纹饰　70×25×7cm×2

云锦花开　61×31×11cm×2

牡丹纹饰　68×23×9cm×2

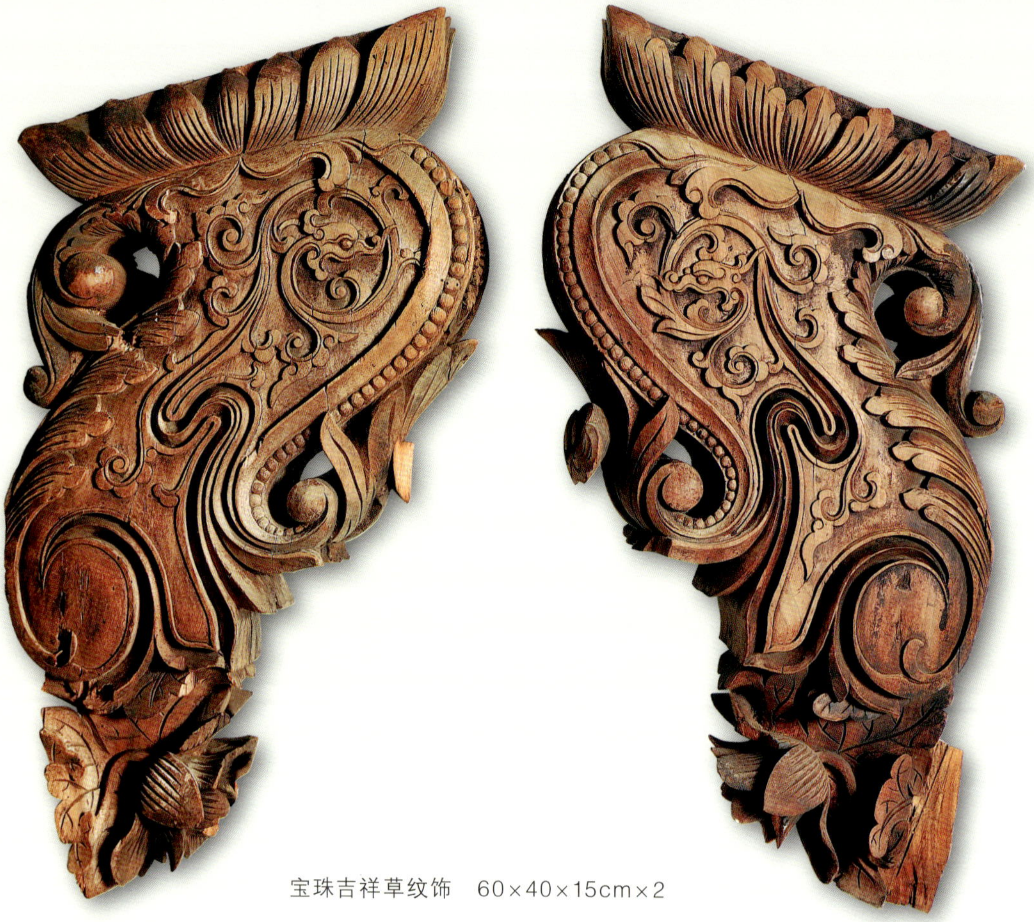

宝珠吉祥草纹饰　60×40×15cm×2

拐子龙纹饰　58×45×12cm×2

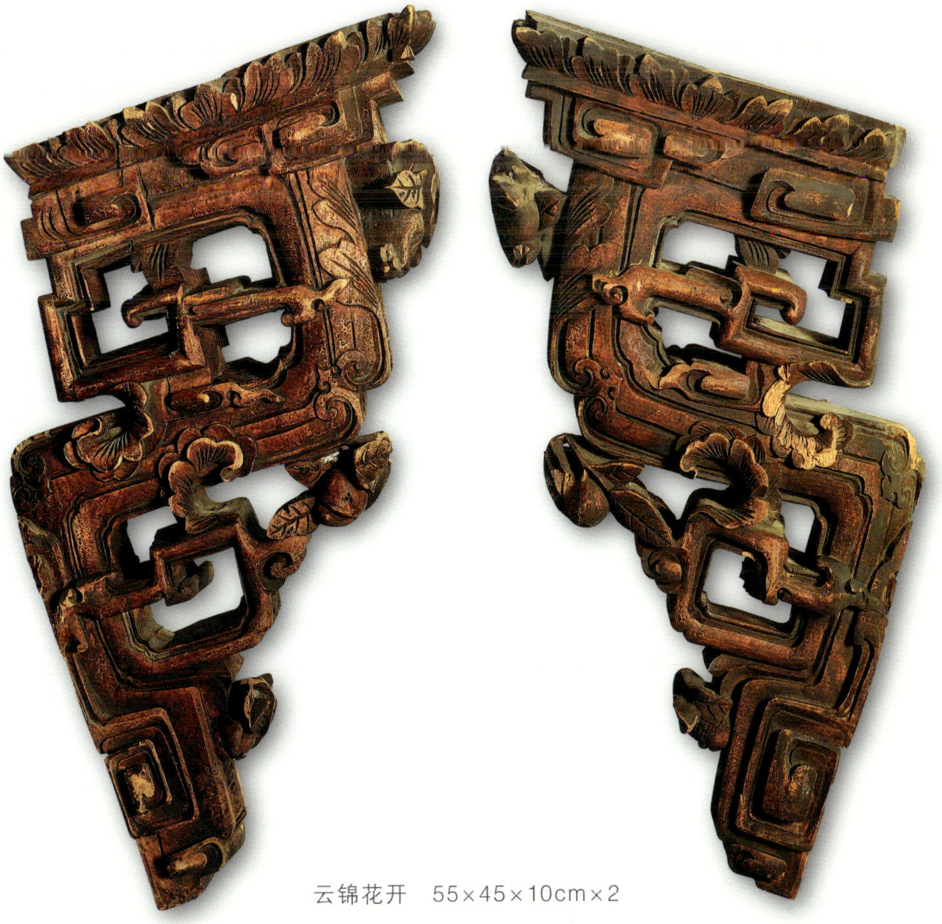

云锦花开　55×45×10cm×2

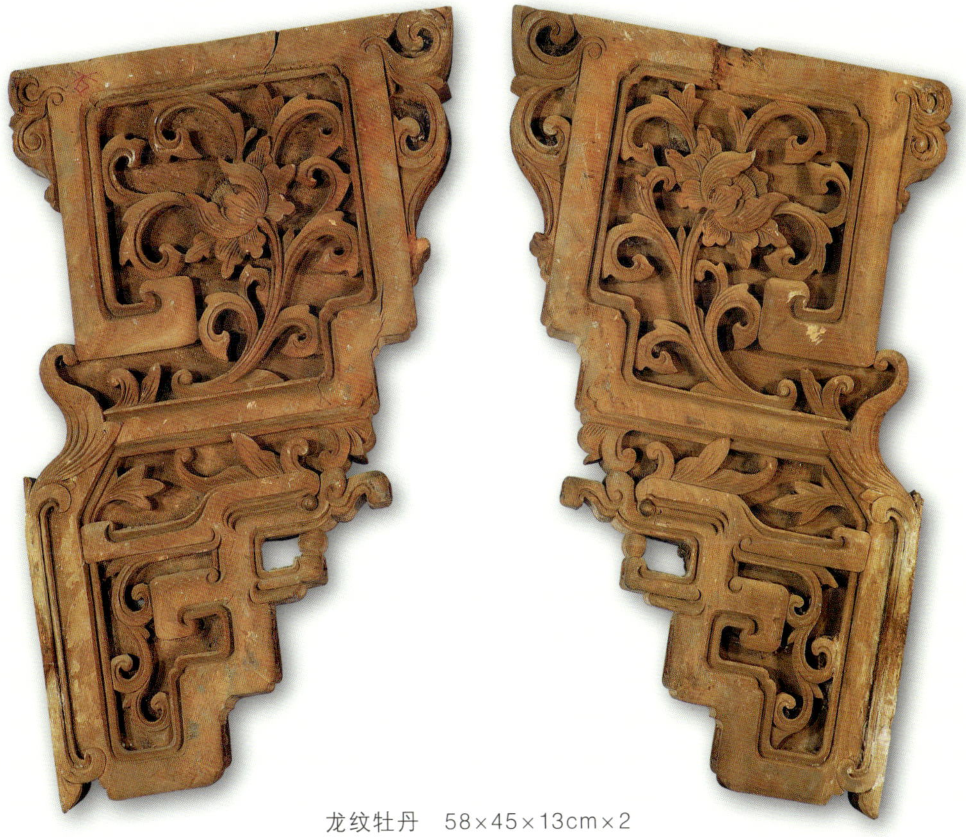

龙纹牡丹　58×45×13cm×2

回纹花卉　58×45×11cm×2

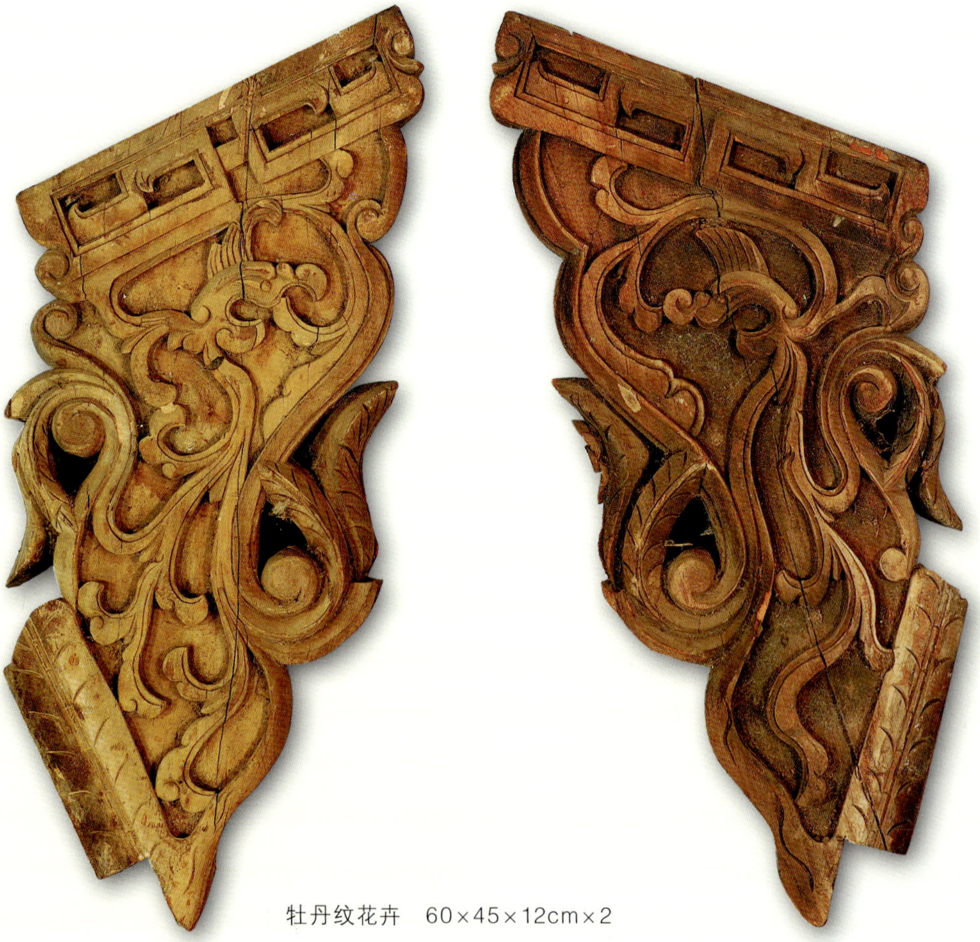

牡丹纹花卉　60×45×12cm×2

回纹葡花　60×45×12cm×2

草龙花图案　60×40×12cm×2

昌字纹花卉　106×63×9cm×2

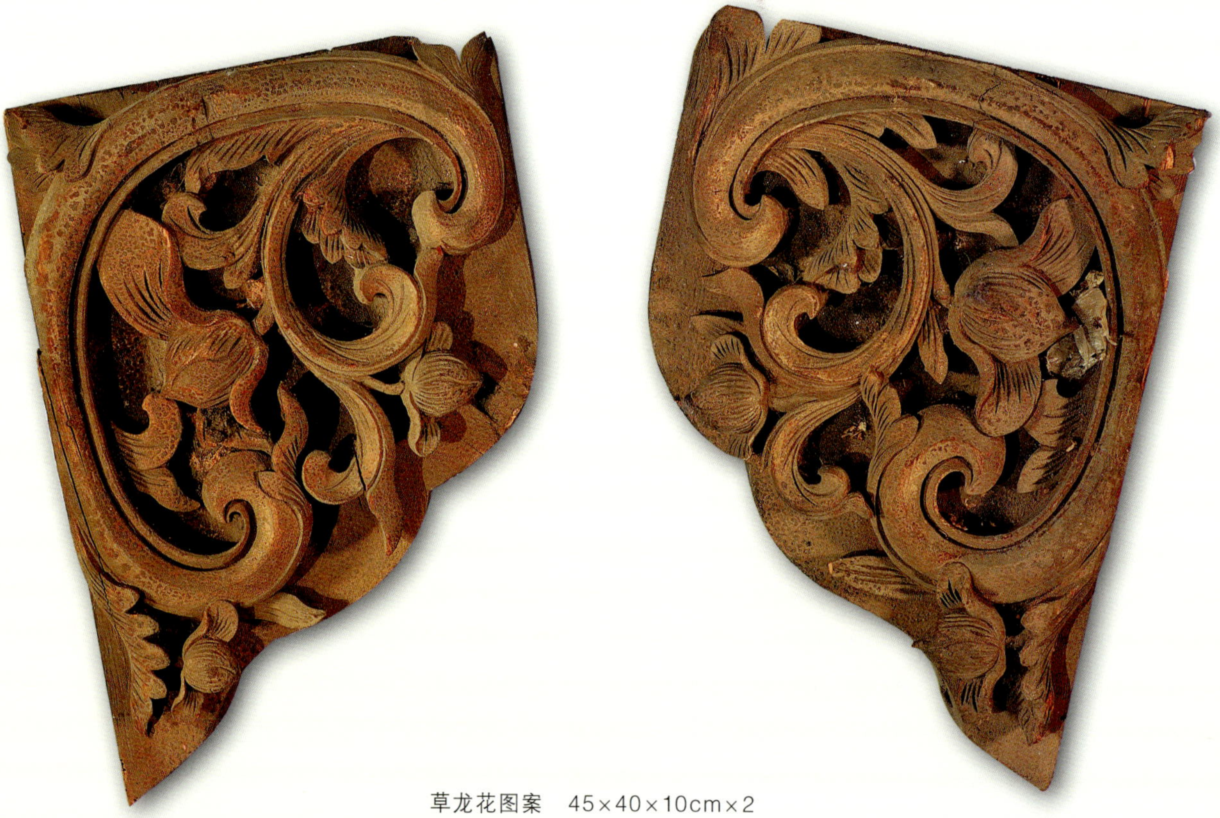

草龙花图案　45×40×10cm×2

S纹花卉　70×40×8cm×2

卷草纹花卉　55×35×9cm×2

草龙花图案　65×40×10cm×2

草龙花图案　70×40×9cm×2

草龙花图案 62×27×11cm×2

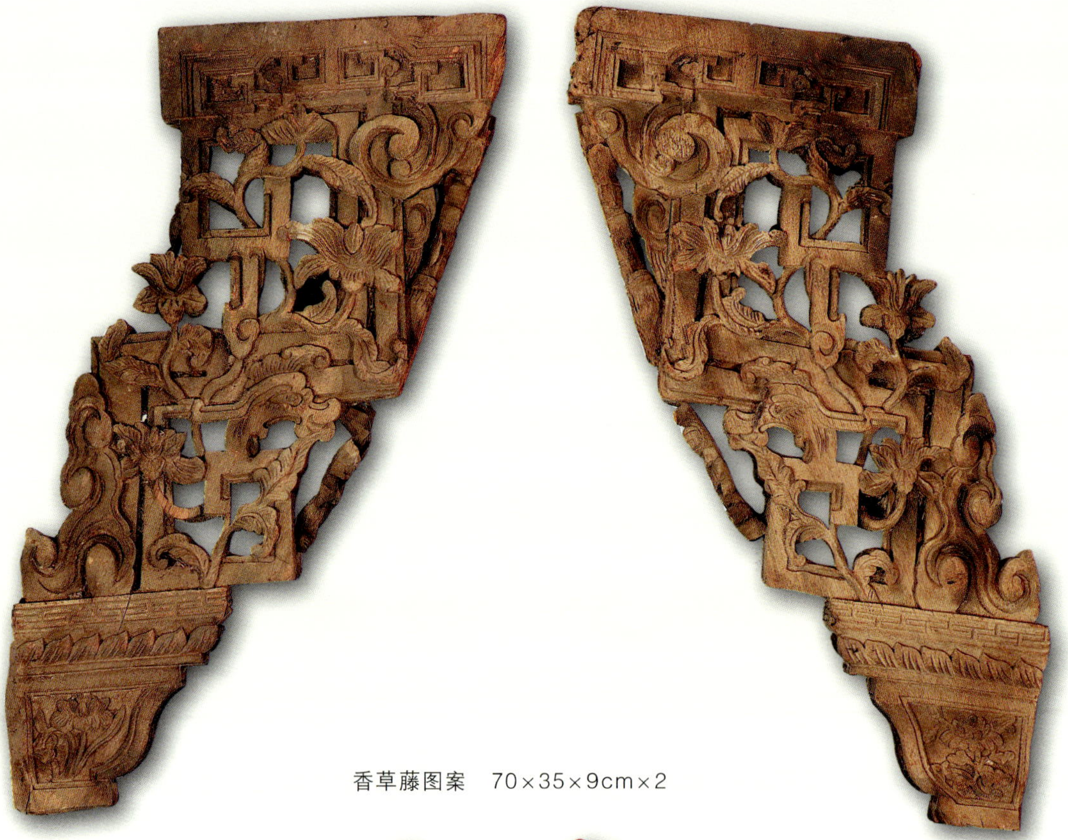

香草藤图案　70×35×9cm×2

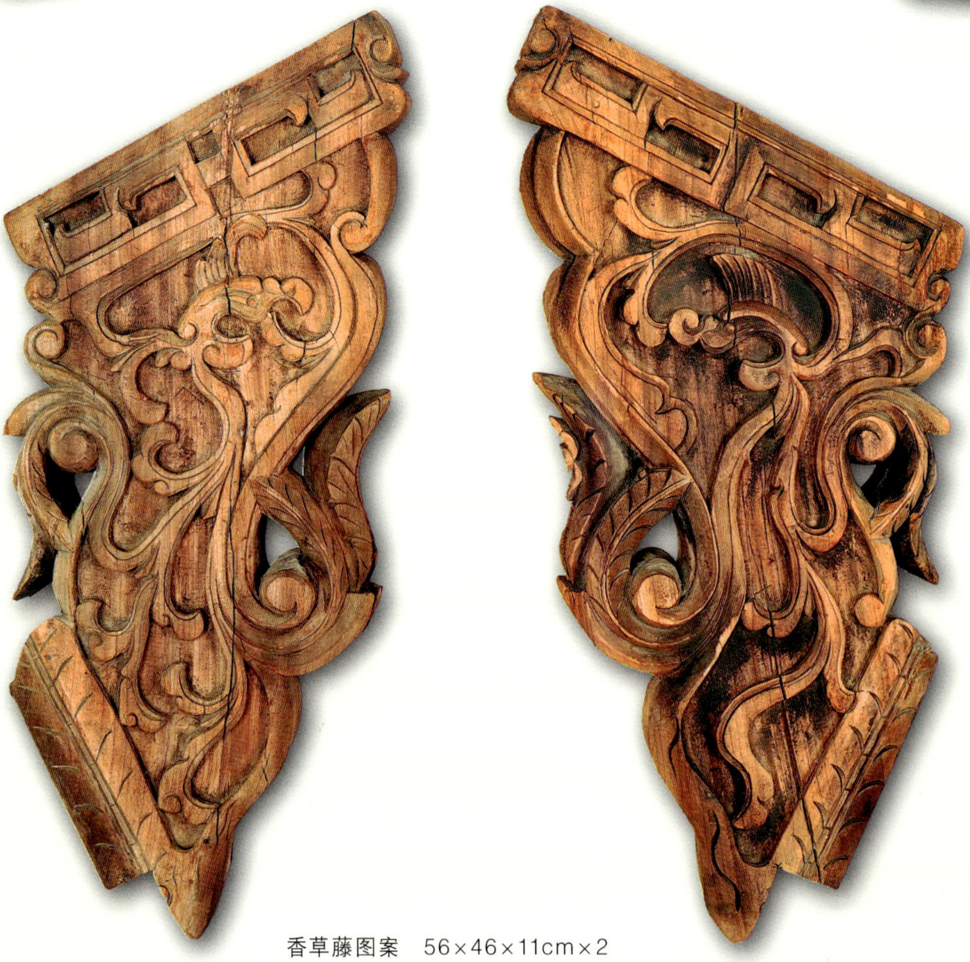

香草藤图案　56×46×11cm×2

香草贤君图　60×40×12cm×2

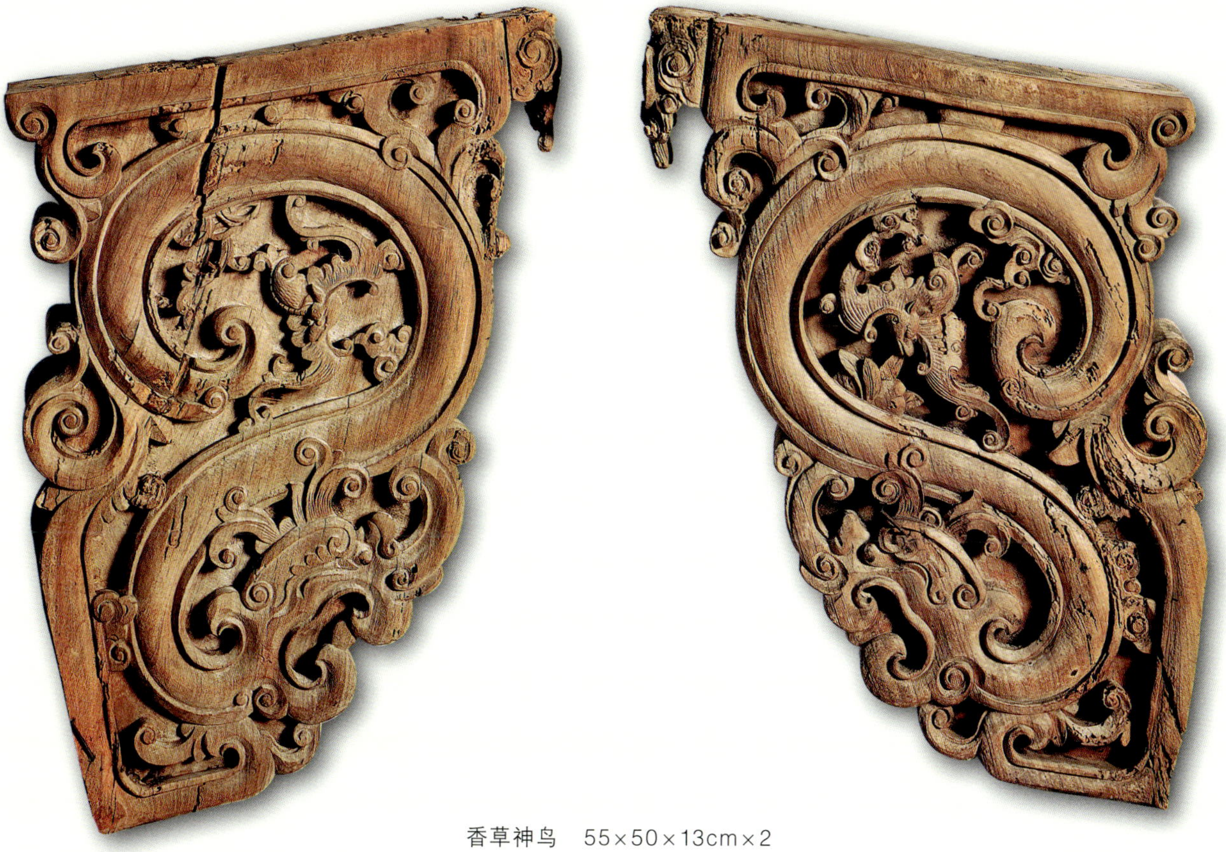

香草神鸟　55×50×13cm×2

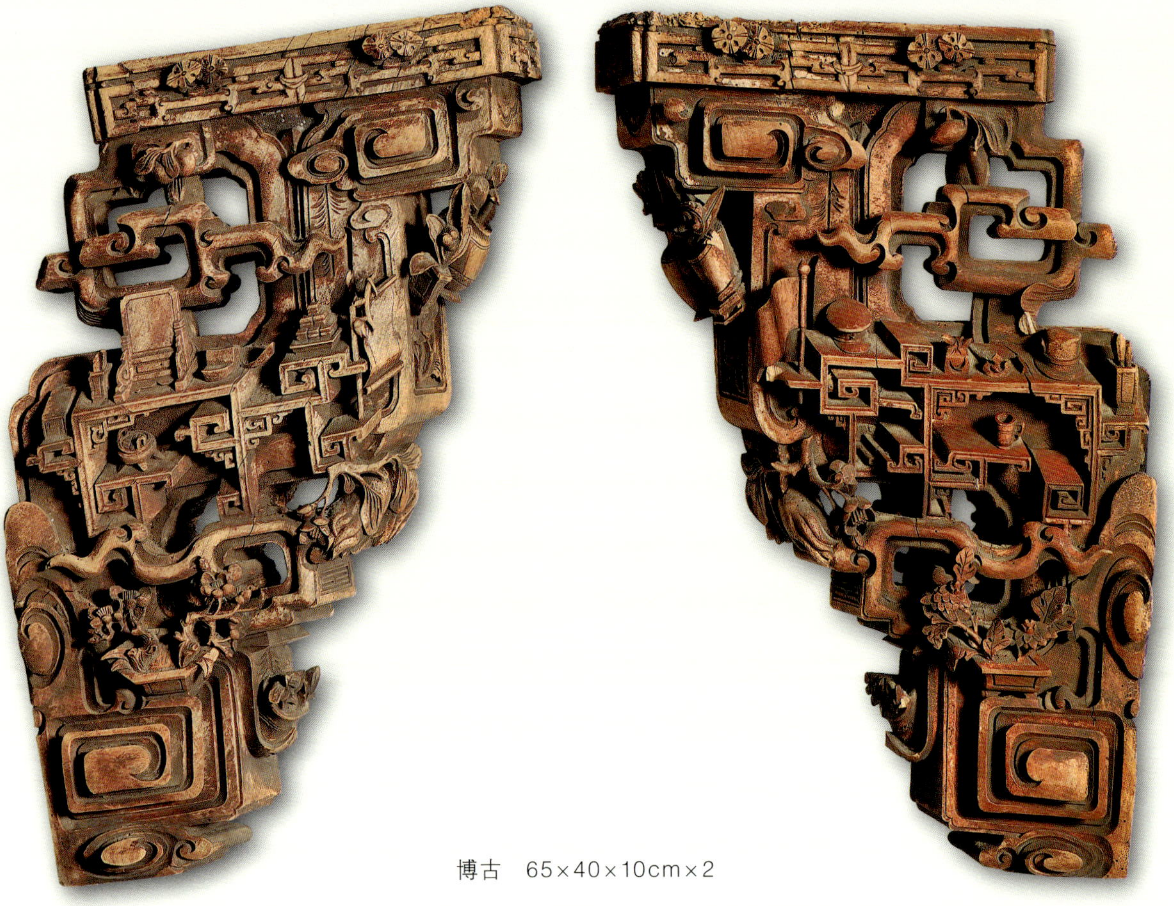

博古　65×40×10cm×2

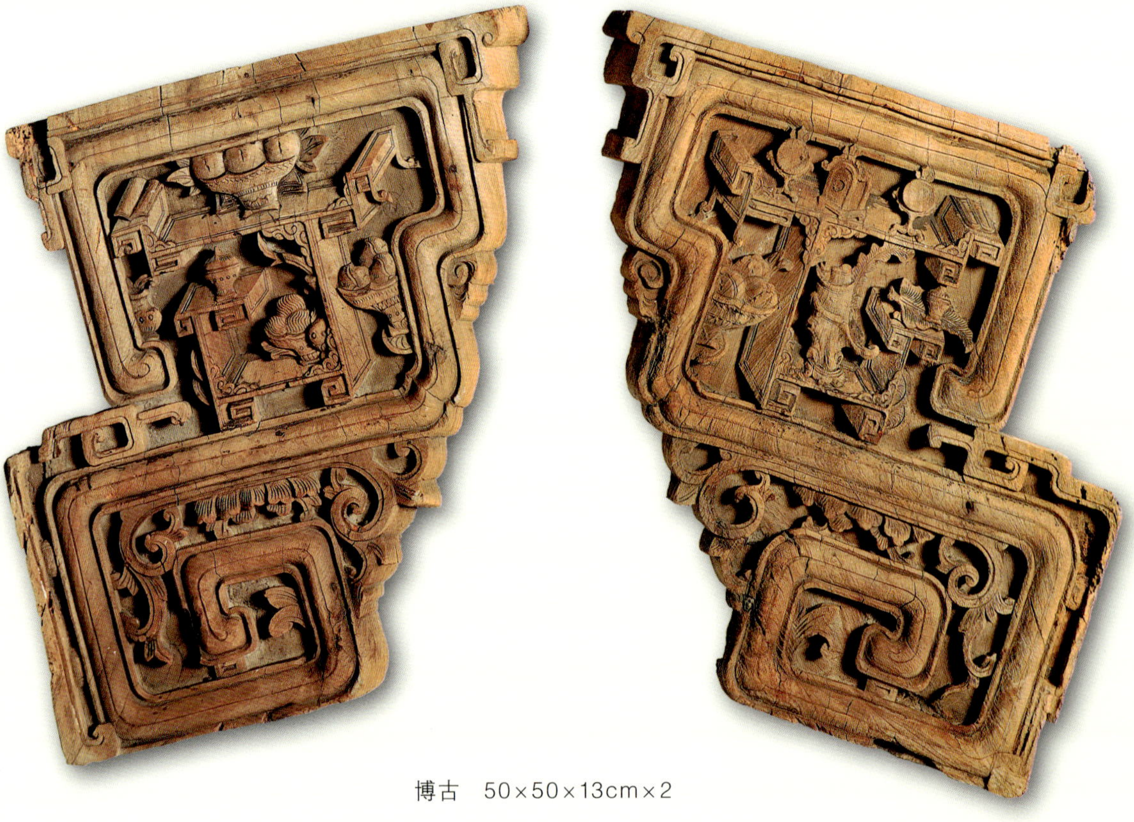

博古　50×50×13cm×2

图版（二）：神仙戏文

神仙，有两种：一种是在人们心目中主宰天地自然和人类命运的天上神灵，如天官、天神、福星、禄星、玉皇大帝、王母娘娘、观音菩萨、风神、雨神、雷神、花神等等；再一种是现实生活中曾经确有其人，由于他们的某种品德和行动，因而被神化，如和合二仙、刘海、八仙以及在《隋唐演义》、《封神演义》诸书中出现的许多历史人物等等。我国民间向来有崇拜神灵的风尚，民间工艺也常以他们为题材歌颂之，敬仰之，木雕牛腿也是如此。本书收录的牛腿中的各路神灵亦可谓丰富多彩，光彩照人。

中国文化底蕴深厚，戏文故事丰富，如尧舜古贤、周文王、姜子牙、三国故事、水浒故事、杨家将等等，一个个栩栩如生的历史人物在本书的牛腿艺术作品中也都灵动而逼真。

天官赐福

东汉张陵创立了道教，死后，其子张衡继续传道，并大力提倡"三官"信仰。所谓"三官"即天官、地官、水官，宣称天官赐福、地官赦罪、水官解厄。天官就是福星、或称福神，他能给人们带来幸福，人们崇拜他、敬仰他。福星的典型形象就是吏部天官的模样，一身朝官装束，红色袍服，龙绣玉带，手执大如意，足蹬朝靴，慈眉悦目，五绺长髯，一派喜颜悦色、雍容华贵的形象。有的天官身旁还有一个童子，手捧花瓶，瓶中插玉兰、牡丹，寓意玉堂富贵。还有的天官，笑容满面，身带五个善童，善童分别捧着仙桃、石榴、佛手、春梅和鲤鱼灯等吉祥物。民间雕刻多刻"天官赐福"以求好运。

天官赐福　65×60×10cm×2

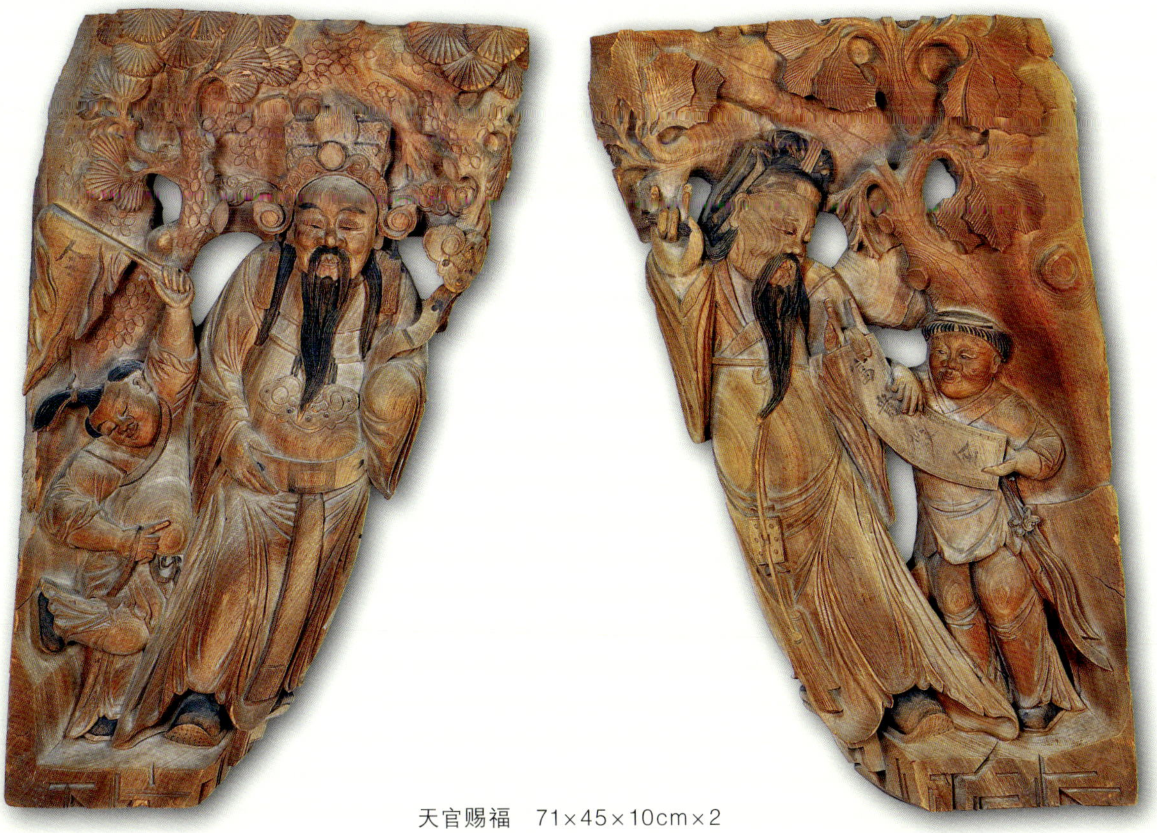

天官赐福　71×45×10cm×2

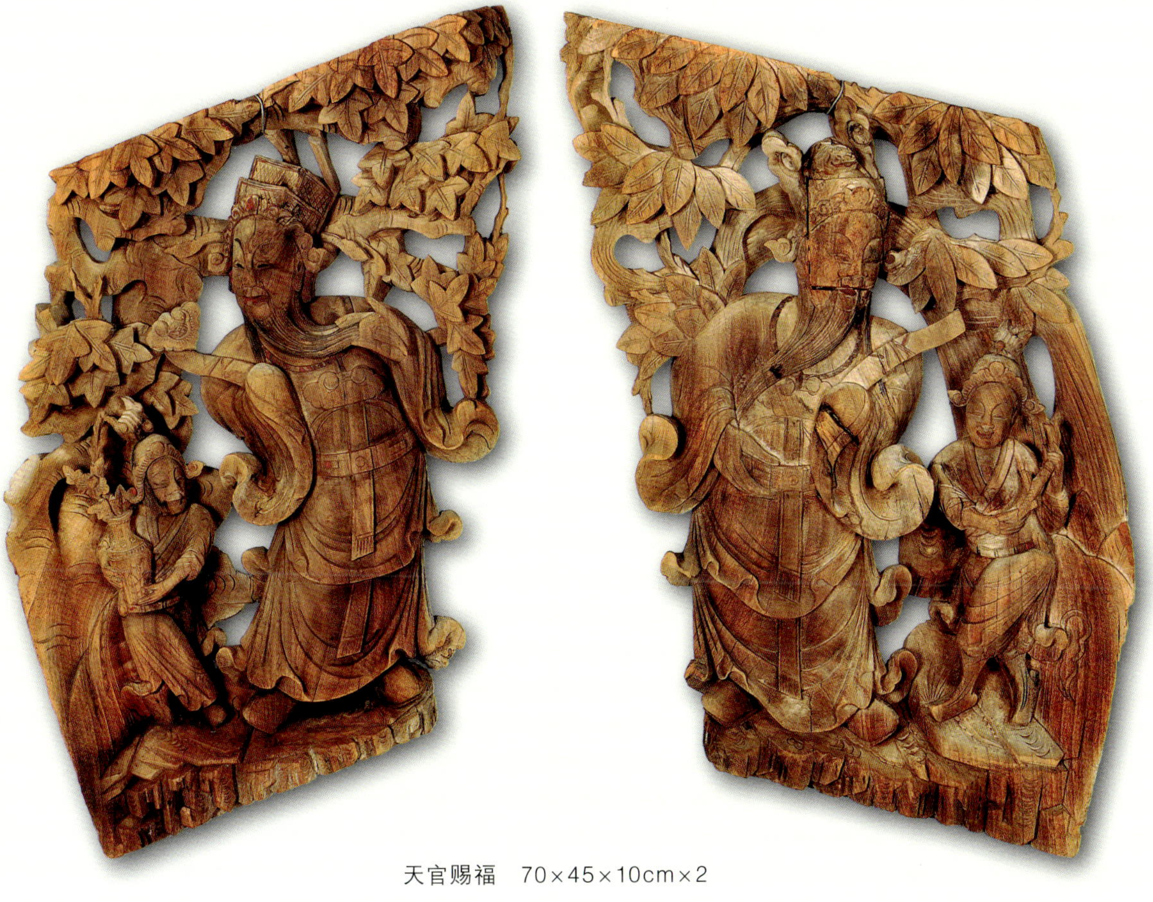

天官赐福　70×45×10cm×2

天官赐福　55×45×12cm

天官赐福　60×45×10cm×2

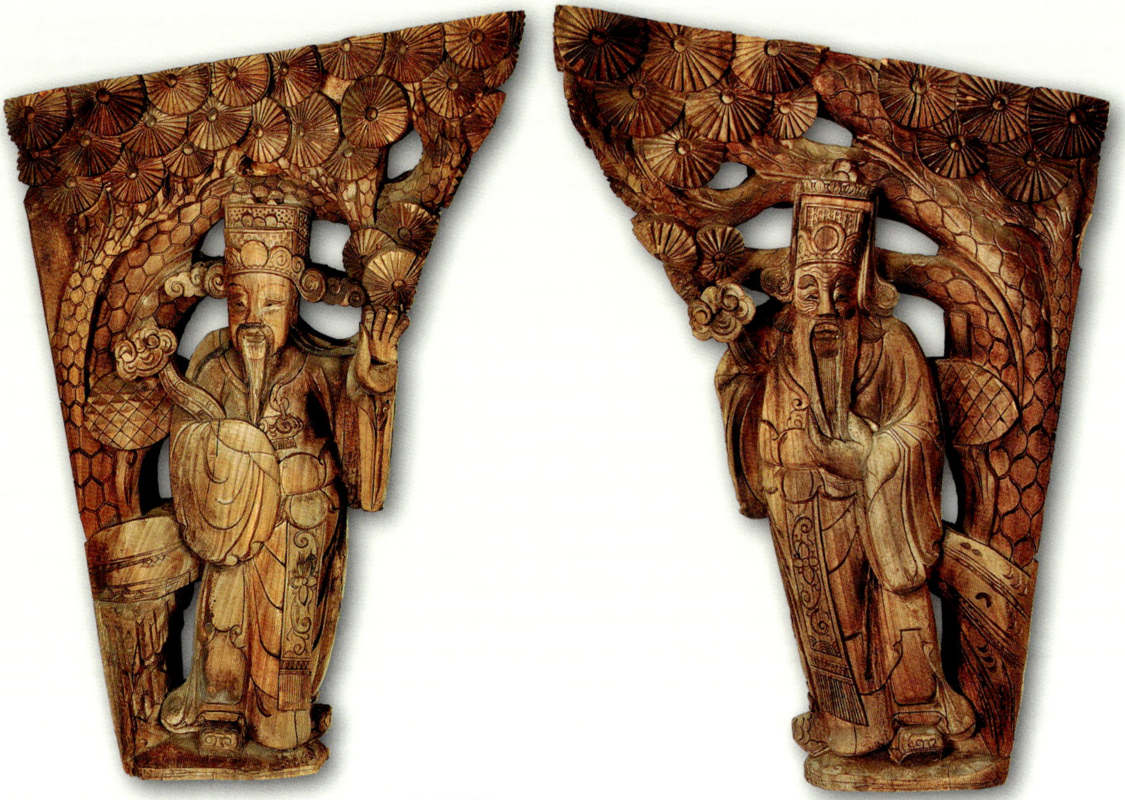

天官赐福　50×45×10cm×2

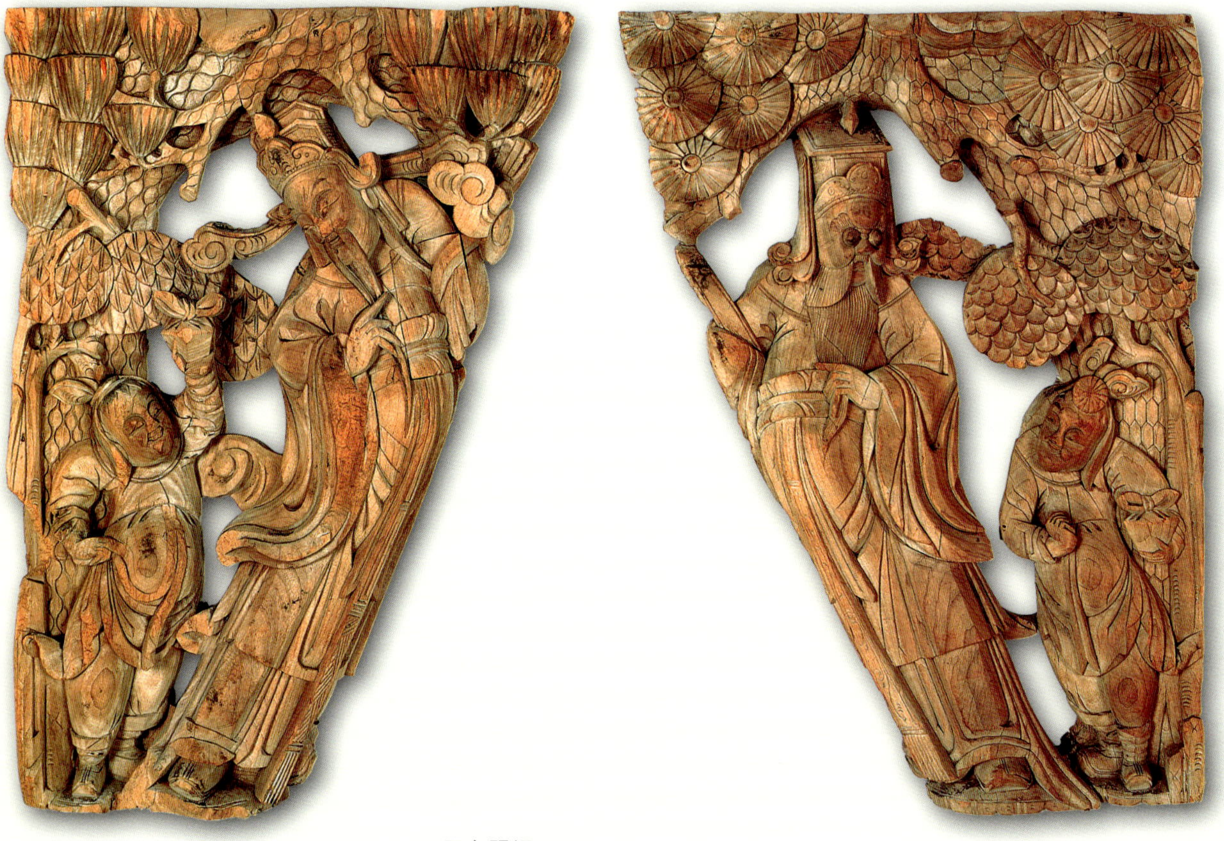

天官赐福　53×50×9cm×2

天官赐福　48×45×9cm×2

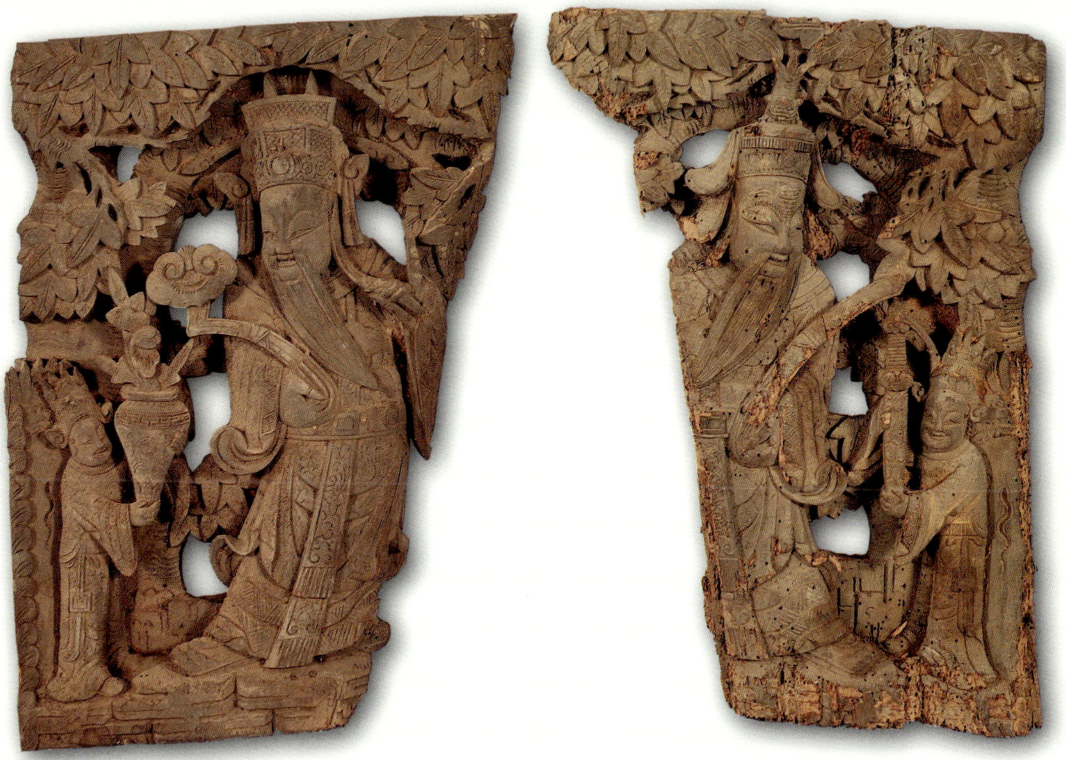

天官赐福　55×50×10cm×2

天官赐福　50×48×10cm×2

天官赐福　50×48×10cm×2

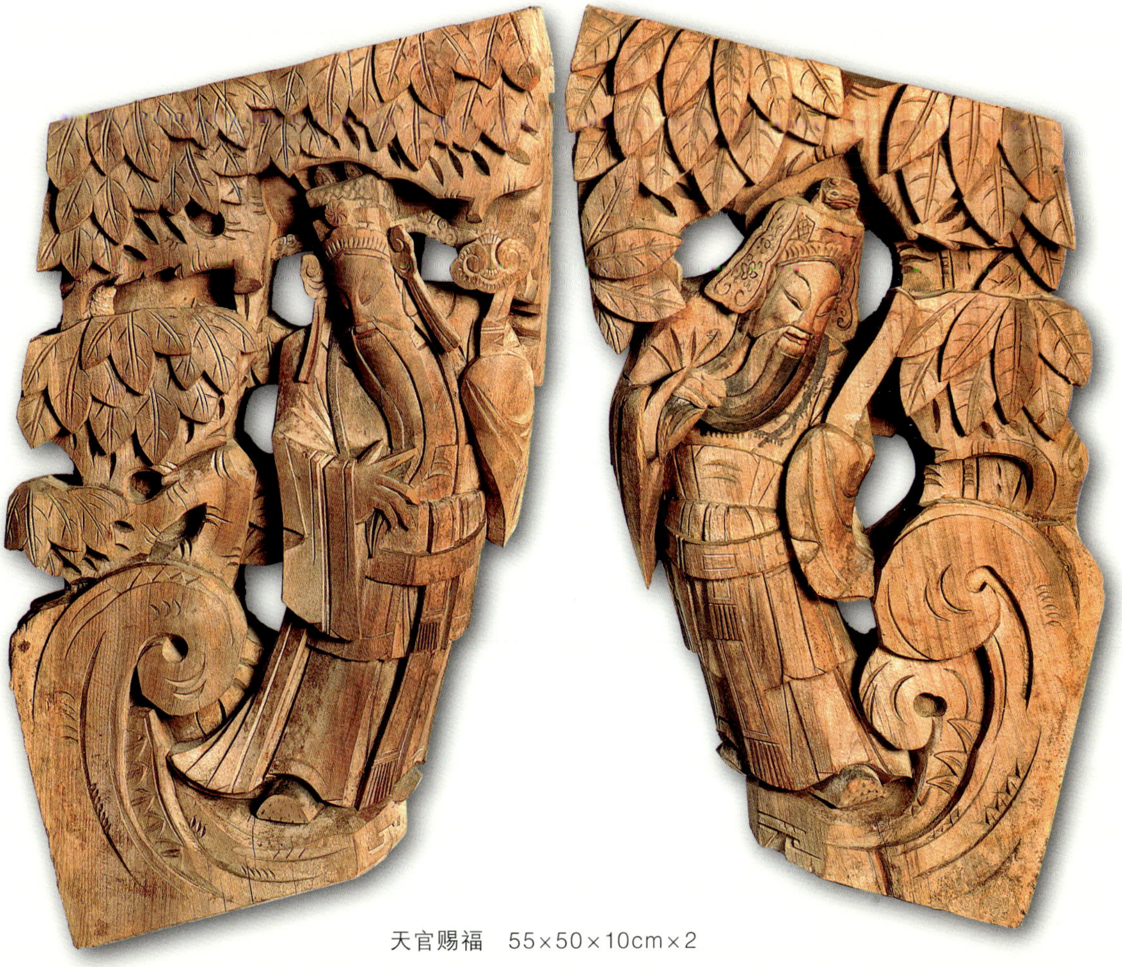

天官赐福　55×50×10cm×2

天官赐福　48×45×9cm×2

福星、禄星、寿星

古人认为浩渺无际的星空是众神的居所，每一点星光都是一位星辰之神。星辰之神虽然远在天边，遥不可及，却被认为是地上万物的主宰。起初人们把天上星辰想象成恐怖的怪兽模样。道教兴起，他们也被晋升官职，统称为星官。其中有三位星官的职责最为重要：他们分别是专门赐予福气好运的福星，负责升官发财的禄星，保佑人们长生不老的寿星。三位合称福禄寿三星。他们是人们最为崇拜的三位神仙。

木星，太阳系九大行星之一，古人称之为岁星或者福星。福星，象征能给大家带来幸福、希望。福的含义十分广泛，包容了世俗生活中一切美好的愿望与目标。中国人所谓“吉祥”，多指福而言；因此，吉祥又可以释为福。福是中国吉祥文化中的一个十分重要的概念。

禄，即官吏的俸禄。高官厚禄是士人一心向往的。禄星，顾名思义，是主管升官发财的星官，实际上，他也是中国文化传说中的财神。和福星一样，他也是由一颗星辰演化而来。

寿星，也称“老人星”。在诸多的星宿中，这颗星居长，因位置在南方，又叫“南极老人”、“南极仙翁”。这颗星只要一出现，就国运绵长，天下安宁；这颗星不见，就要发生战争，天下大乱。因此人们对它敬之祀之。但是在长期崇拜敬仰的过程中，寿星的神味儿越来越淡，人味儿越来越浓。以至人们根本忘掉了他是神，而是把他当做一个慈祥可爱的老人，当做长寿、吉祥的象征。在木雕中，他的形象非常可爱：身量不高，弯背弓腰，一手拄着龙头拐杖，一手托着仙桃，慈眉悦目，笑逐颜开，白须飘逸，最突出的是大脑门儿。

民间常把福星、禄星和寿星合在一起，称为福禄寿三星高照，这往往是一个家庭的最大期盼。在常见的绘画和雕刻中，福星手拿一个“福”字，禄星捧着金元宝，寿星托着寿桃、拄着拐杖。另外还有一种象征画法，画上蝙蝠、梅花鹿、寿桃，用它们的谐音来表达福、禄、寿的含义。

三星高照　62×37×17cm×2

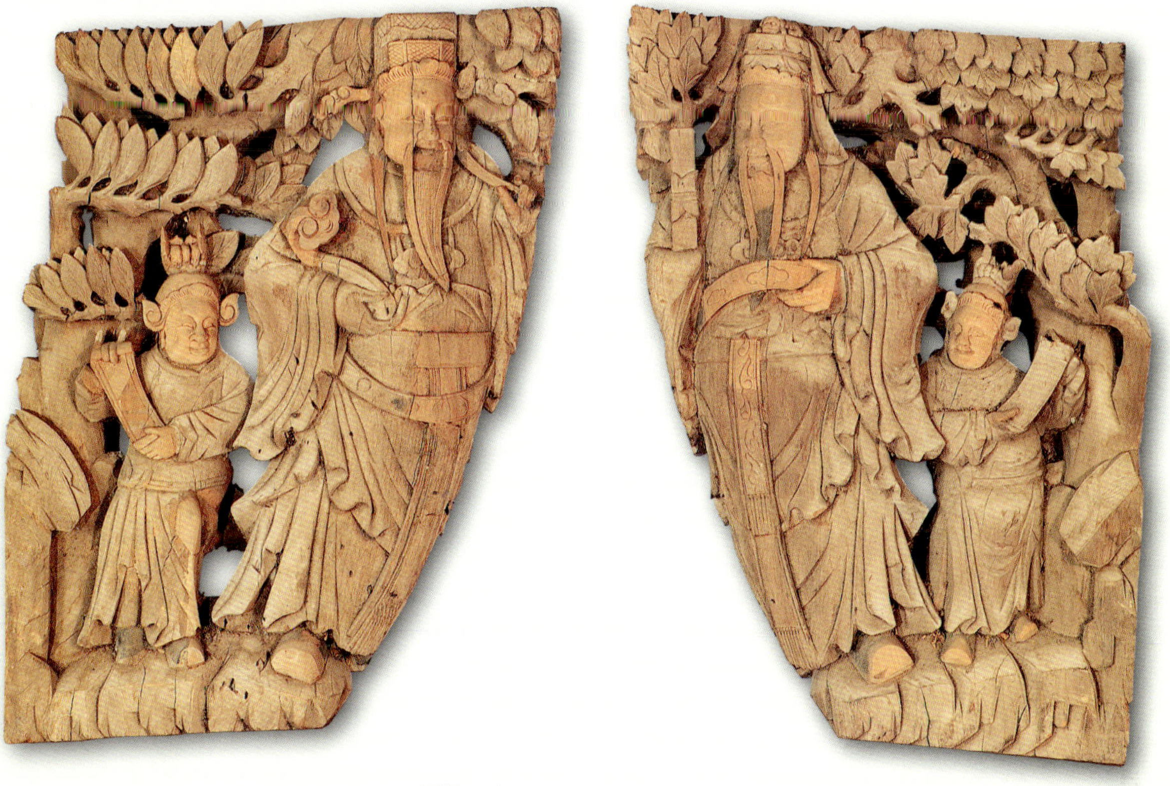

福禄双全　63×50×12cm×2

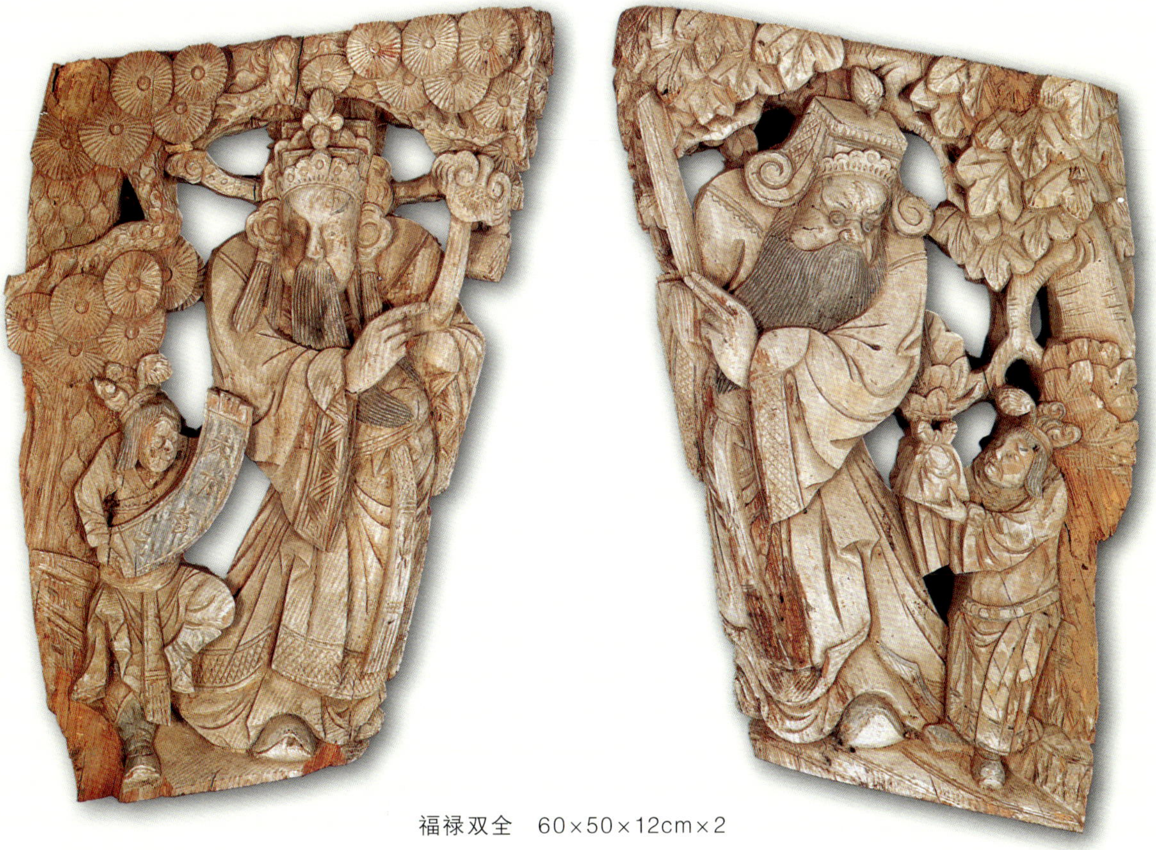

福禄双全　60×50×12cm×2

福禄双全　60×53×13cm×2

寿星　53×50×10cm

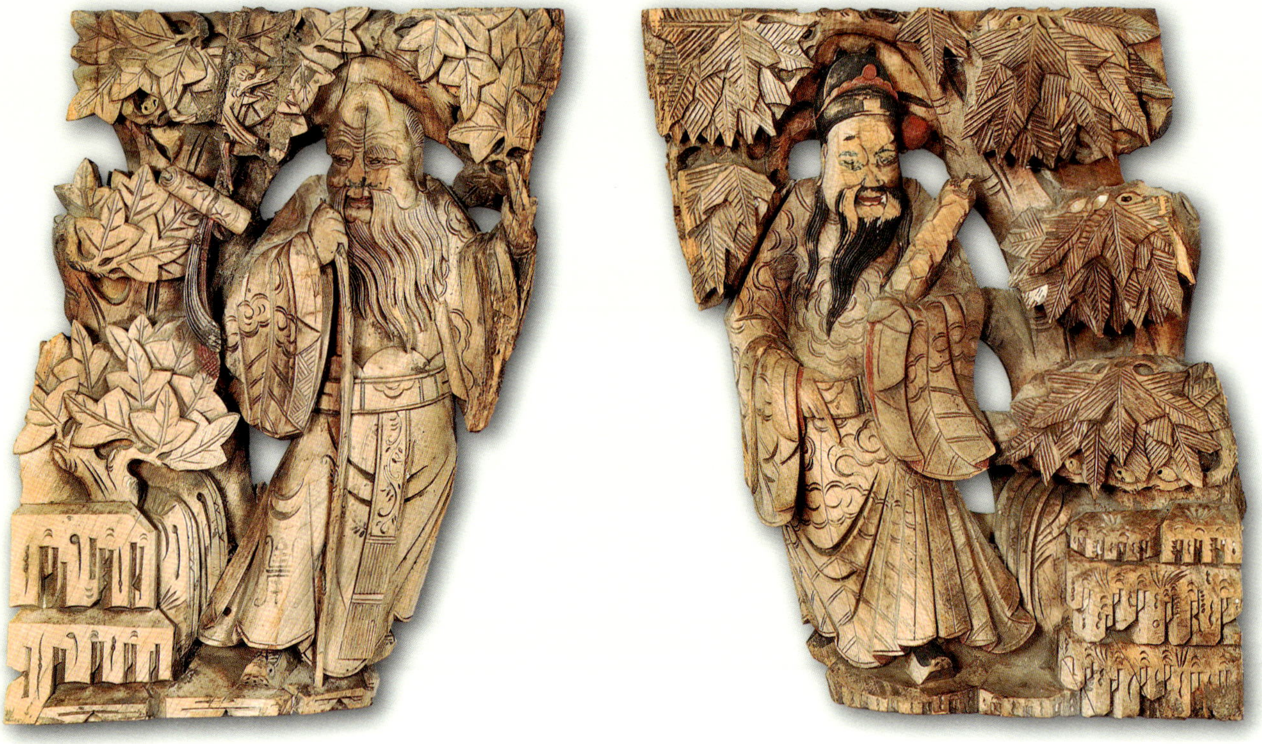

寿星、禄星　55×40×10cm×2

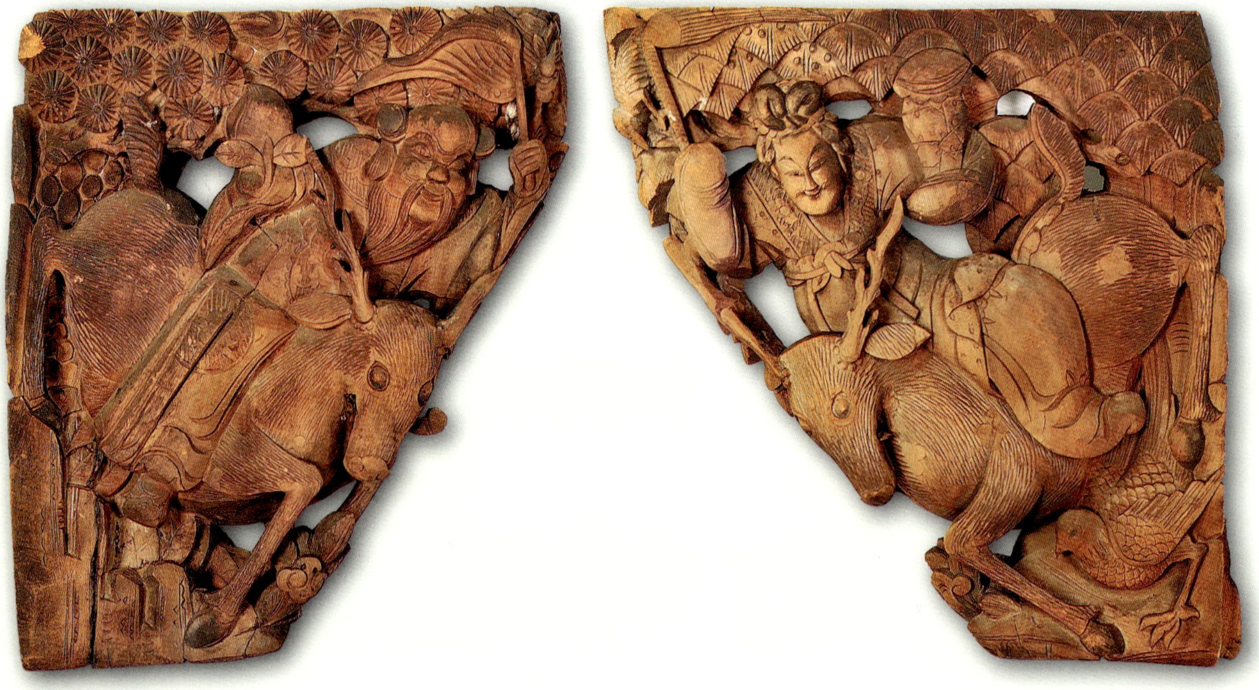

福禄寿喜　48×45×11cm×2

福寿　55×38×9cm×2

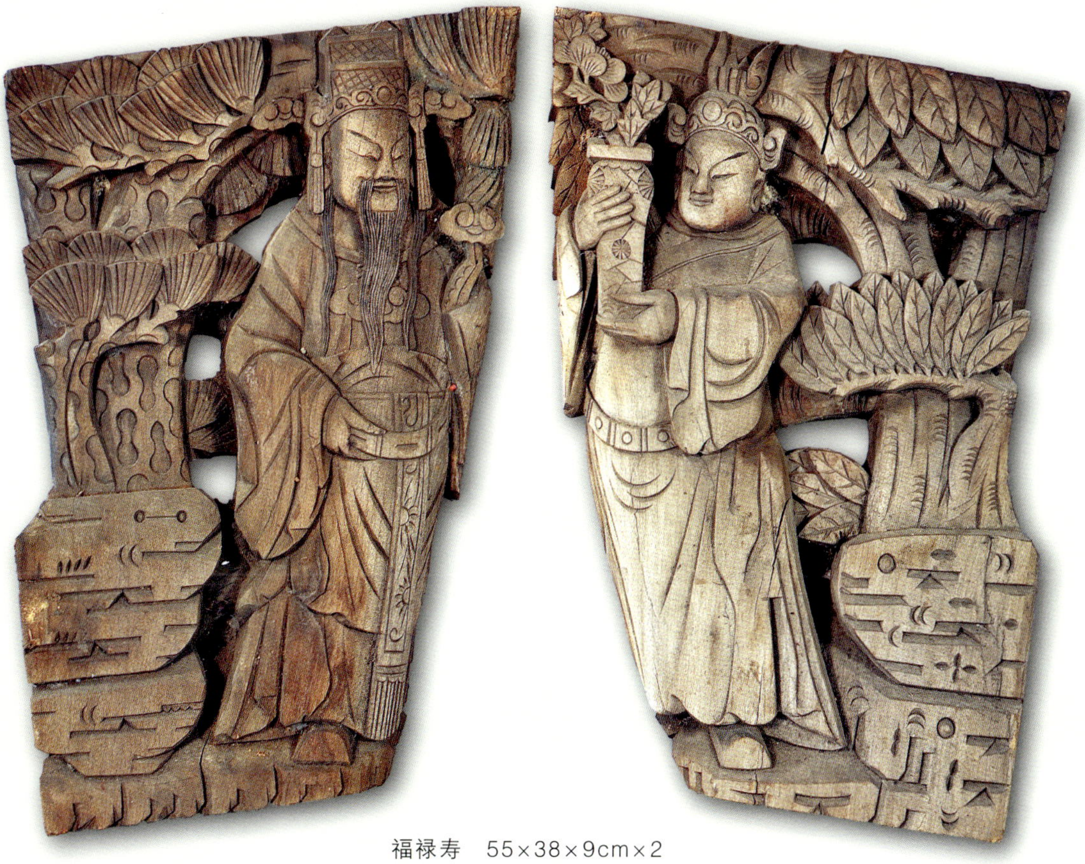

福禄寿　55×38×9cm×2

福禄双全　75×35×10cm×2

福禄寿喜　52×39×10cm×2

左：禄寿双全　右：吉祥如意　58×43×10cm×2

寿禄双全　60×35×12cm

寿禄双全　52×45×12cm

蟠桃会献寿

相传农历三月三日是西王母的诞辰，这一天，西王母要在瑶池举行盛大的蟠桃会，宴请各路神仙。众神仙也都以受到邀请为荣耀和身份的象征。纷纷骑上鹿，手持蟠桃，前往献寿。这便是“蟠桃会”。因此，每年的三月三日也就成了道教的重要节日。西王母俗称王母娘娘。是一位知名度很高的神仙。她本来是我国西部一个部落的保护神，后来成了女王，而且是绝色佳人。“西王母”嫁给了玉皇大帝，成为玉皇大帝的太太，再加上她长生不老的本领和美貌，便当仁不让地成了所有女仙的领袖。在人们心目中，“西王母”的形象雍容华贵，凝重端庄。她有两大宝贝：一是不死药，二是吃了能长生不老的仙桃（蟠桃）。传说中，嫦娥就是偷吃了丈夫后羿弄来的王母娘娘的不死药而飞上月亮的。王母娘娘和玉皇大帝有七个女儿，最小的女儿七仙女私自下凡，和贫穷的青年董永“天仙配”成了夫妻；她还有个外孙女叫织女，和牛郎七夕鹊桥相会。这两个故事在民间妇孺皆知。可是在这两件事情上，西王母都不太惹人喜欢，她和玉皇大帝硬是拆散了这两对恩爱的夫妻，成了封建专制的代表。

传说汉朝著名诙谐文学家东方朔也曾潜入蟠桃会，偷桃成功，因此也就飞天成了神仙。

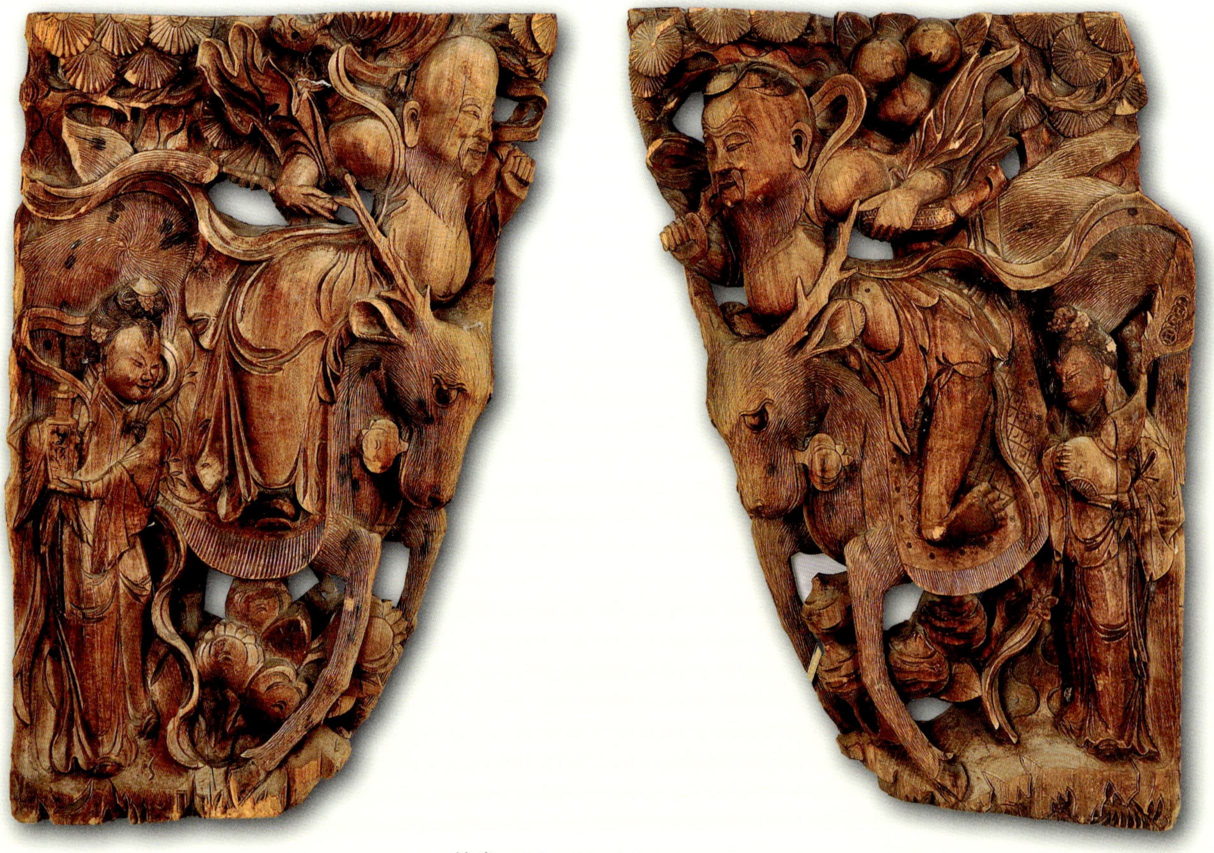

献寿　65×44×10cm×2

献寿　53×45×10cm

献寿　66×45×10cm

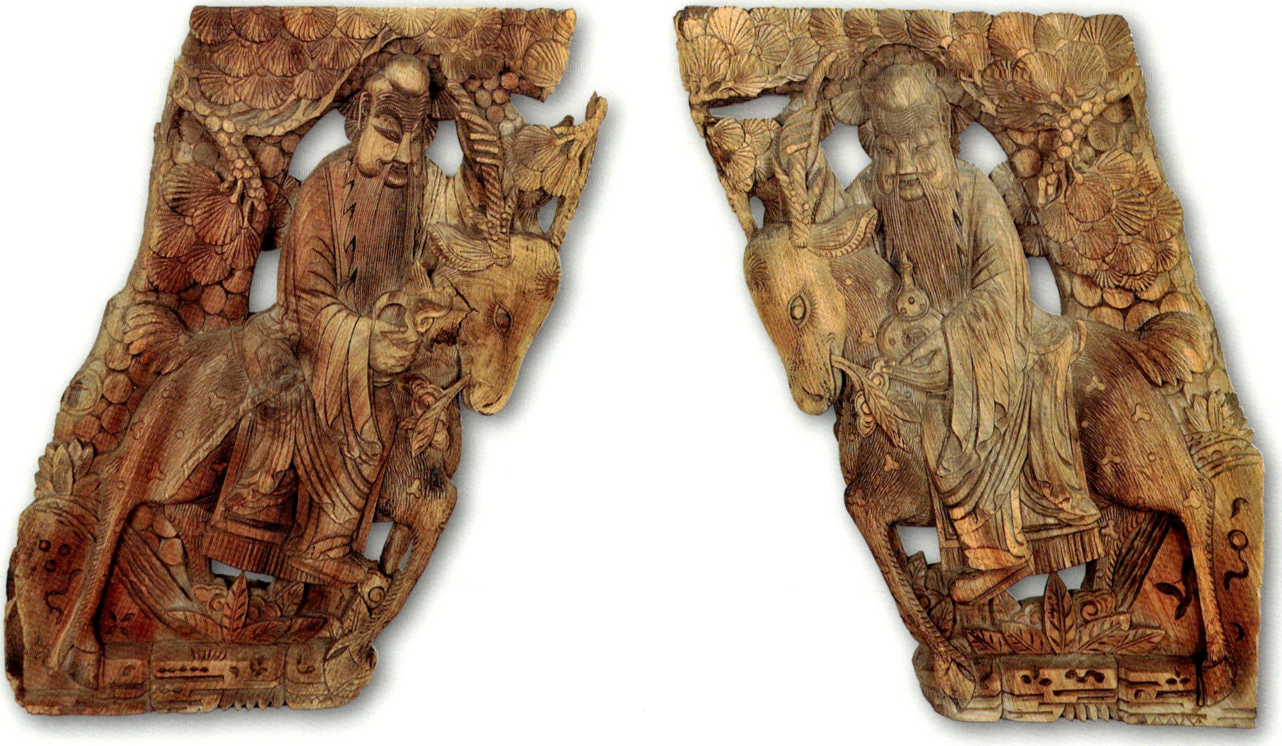

献寿　55×35×10cm×2

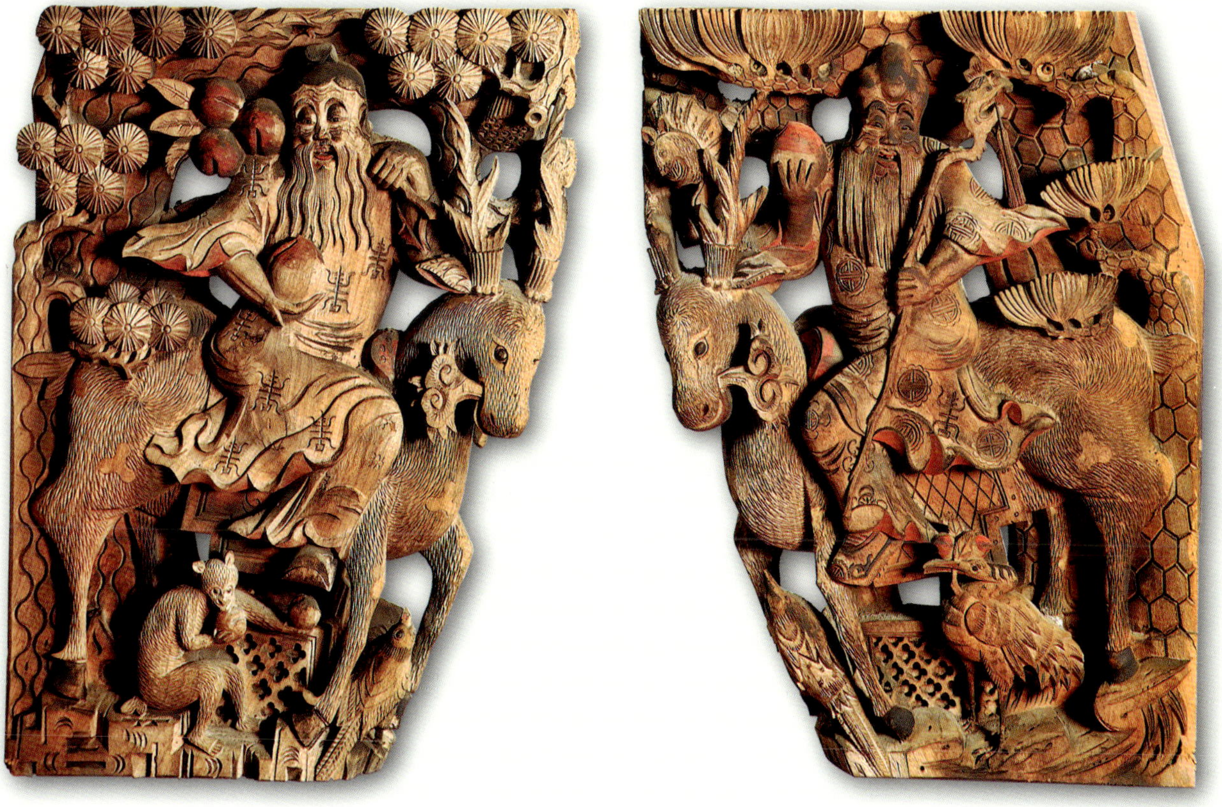

献寿　55×40×10cm×2

左：献寿　右：西王母　62×44×15cm×2

献寿　66×45×12cm

麻姑献寿

麻姑是民间传说中有名的女寿仙，但麻姑的来历却有不同的说法，今取其一。《神仙传》里说东海有个人叫王方平，入山修道，成了仙人。他有个妹妹叫麻姑，十八九岁，长得漂亮，而且她能穿着木屐在水上行走，可与达摩祖师脚踩芦叶渡海相媲美；她还能掷米成丹砂。因此人们认为她和哥哥一样也是仙人。传说她曾经看到过三次沧海变成桑田，而沧海变成桑田一次就要千万年，她居然看到过三次，可知她的年龄有多大！可是她却青春常驻，始终是十八九岁的样子。王母娘娘三月三日过生日时，举办蟠桃会，麻姑专门用灵芝酿酒，前往祝寿。这便是人们常说的"麻姑献寿"。在绘画和雕刻中，麻姑的形象或腾云，伴以飞鹤；或骑鹿，伴以青松；也有直身托盘作献物状，手中或盘中一般都有仙桃、美酒和佛手。

麻姑献寿　58×40×11cm×2

东方朔偷桃

这是一个贺寿的题材。

东方朔是汉代辞赋家，汉武帝的大臣，性格诙谐，好谈笑取乐，敢直言切谏。汉武帝寿辰之日，殿前一只黑鸟从天而降，武帝不知其名，询问众臣，东方朔答道："乃西王母的坐骑青鸾，王母将前来为皇帝祝寿。"果然，顷刻间，西王母携七枚仙桃飘然而至。除自己留下两枚外，将五枚献与武帝。武帝食后欲留核种植，西王母说："不可，此桃三千年一结实，中原地薄，种之不生。"又指东方朔道："他曾三次偷我的仙桃。"据此，始有东方朔偷桃之说。仙桃乃长寿之物，因此世人以为东方朔可活一万八千岁而被奉为寿星。从此，帝王和民间祝寿，皆悬挂东方朔偷桃图。

在此木雕中，东方朔肩扛一枝偷来的蟠桃，回首环顾，面带窃喜，其偷桃得手后的得意之情和担心被发现的微妙心理被刻画得惟妙惟肖。在东方朔身旁，应该还有一只衔灵芝的仙鹤和一头跳跃的梅花鹿。鹿鹤也是象征长寿的仙界灵兽。这样，则更体现了浓浓的贺寿意蕴，而且使构图更加饱满。

东方朔偷桃（祝寿） 50×45×10cm

天神

远古时代，科学不发达，人们以为世界上的万事万物皆由天上的神明主宰，因此想象、创造出各种神仙来，而且凡事敬神、求神。这种观念和习俗一直延续着。因此，各种天神造像也是木雕的常见题材。

天神　55×53×12cm×2

天神　45×38×10cm

青龙白虎

我国道教有青龙、白虎、朱雀、玄武四位护卫神的说法。他们也长随老子（太上老君）出巡，《抱朴子》描述称：“左有十二青龙，右有三十六白虎，前有二十四朱雀，后有七十二玄武。”着实威风八面。后来玄武在同伴中脱颖而出，成了真武大帝。青龙、白虎却始终没出息，只能永远为道教守山门，就像佛教守山门的哼哈二将一样。青龙神又叫孟章神君，白虎神又叫监兵神君。这四位神将有时也用来表示方位，即东方青龙、西方白虎、南方朱雀、北方玄武。

青龙白虎　55×35×12cm×2

门神

门神是道教和民间共同信仰的守卫门户的神灵，人们将其神像贴在门上，用以驱邪避鬼，卫家宅，保平安，助功利，降吉祥等。

门神信仰由来已久。古代先民由最初的“巢居”、“穴居”逐渐进化到“屋居”，学会了建造茅篷房舍，这是人类的一大进步。屋舍可以避风雨，可以防止野兽和敌人的侵袭，可以存放财物，因此得以安居。但古人尚鬼，往往将许多不顺利、不吉利的事情归结到是鬼怪作祟，因此对鬼怪有一种恐惧心理。为了得到安全感，便需要能降鬼伏妖的神明把住房门，站岗放哨。因此便造出个门神来，保护性命和财产。最初的门神是两个桃人。据《山海经》记载，在北方大海中的一座山上，有一棵大桃树，桃树的东北有万鬼出没。于是黄帝派来神荼和郁垒两位神将管制他们，如果发现哪个作恶害人，便立即抓住扔到山下喂老虎。从此神荼和郁垒便成了避鬼的门神（桃木辟邪的习俗也由此来）。随着社会的发展和意识形态的变化，人们对于门神的要求不再是单单避邪免灾，还希望从他们那里得到功名利禄，因此，至迟在明朝，武士门神像上便添画“爵鹿蝠喜宝马瓶鞍”等寓意吉祥的内容。再后来，干脆取消了门神祛邪的义务，让他专门祈福，于是在民间形成了把天官、状元、福禄寿喜、和合、财神等作为门神的风气。正是因为这种不断的发展变化，所以不同时代、不同地区门神张贴的对象也有所不同。

门神　65×45×9cm×2

门神　50×55×10cm×2

门神　65×43×7cm×2

门神　70×40×10cm×2

门神　64×36×7cm×2

门神　66×42×8cm×2

门神　55×50×12cm

门神　58×52×13cm

门神 54×45×17cm×2

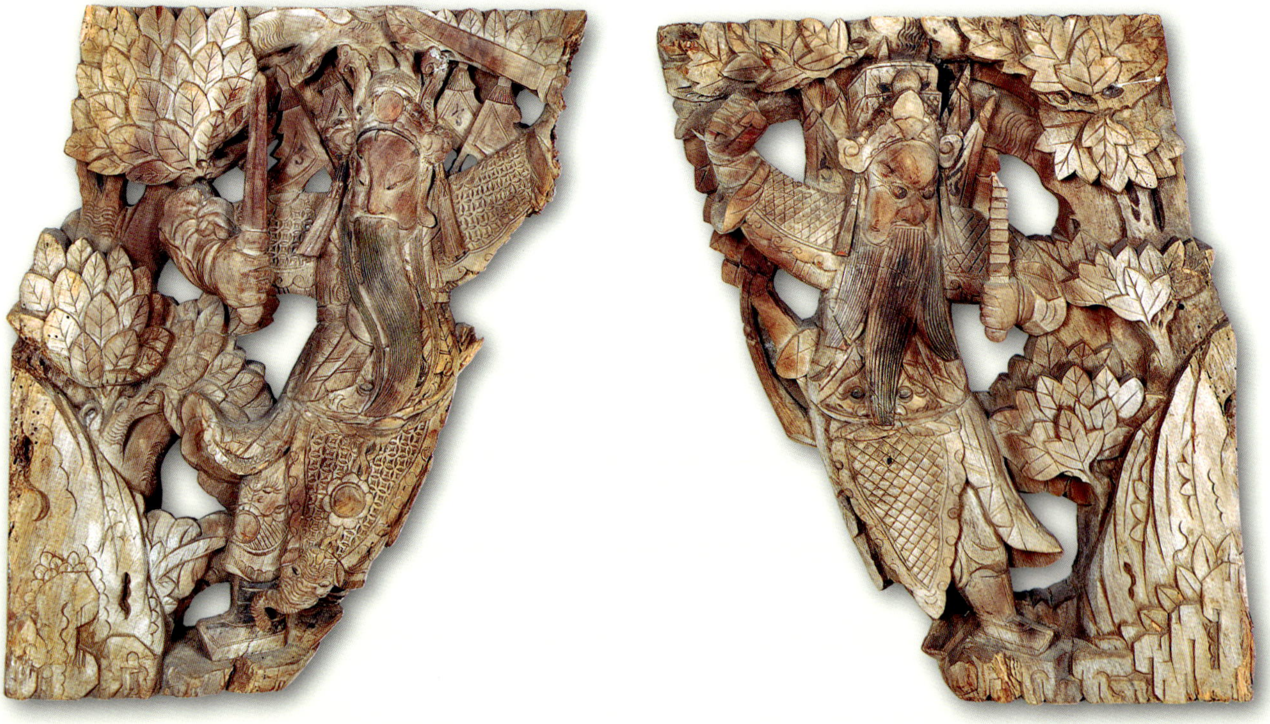

门神 65×60×12cm×2

门神　60×50×10cm×2

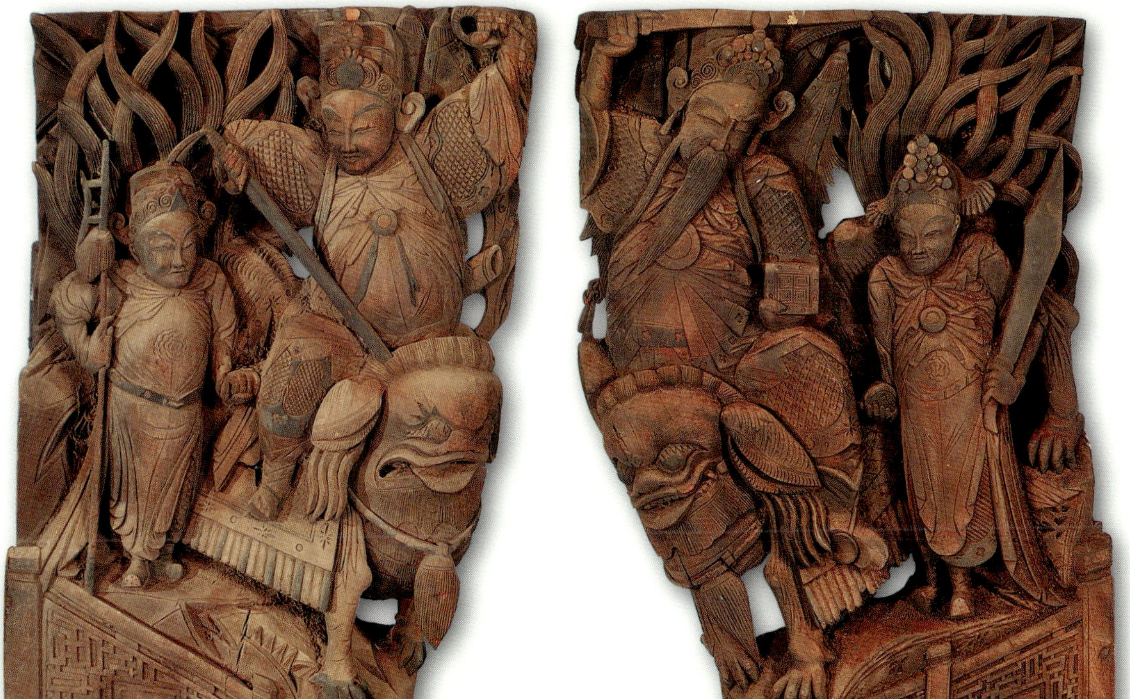

门神　65×43×9cm×2

门神　58×38×10cm×2

门神　60×40×11cm×2

秦琼、尉迟恭

秦琼和尉迟恭都是唐朝的开国元勋，帮助李世民打下了天下，建立了大唐王朝。在隋唐十八条好汉中秦琼排第十六位，尉迟恭排第十七位。秦琼，又名秦叔宝，山东历城人，武艺高强，人称赛专诸、似孟尝、神拳太保、双锏大将，锏打山东六府，马踏黄河两岸。尉迟恭，武艺高强，日占三城，夜夺八寨，为唐朝的建立立下赫赫战功。据《三教源流搜神大全》记载：唐太宗李世民在打天下时，杀人无数，即位后身体经常不豫，夜梦常有恶鬼相纠，多日无宁。太宗畏之，以告群臣。这时，秦琼和尉迟恭挺身而出，请求夜晚戎装守卫在宫门两旁，从此果然夜夜太平无事。太宗大喜。但念二人长期守护太过劳累，便命画工仿照秦琼、尉迟恭形象，绘成两个武将，作介胄执鞭、怒目发威之状，悬于宫门两侧。此后邪祟全消。后世沿袭这种做法，于是这两个人便成了永远的门神。

秦叔宝、尉迟恭（门神） 55×41×9cm×2

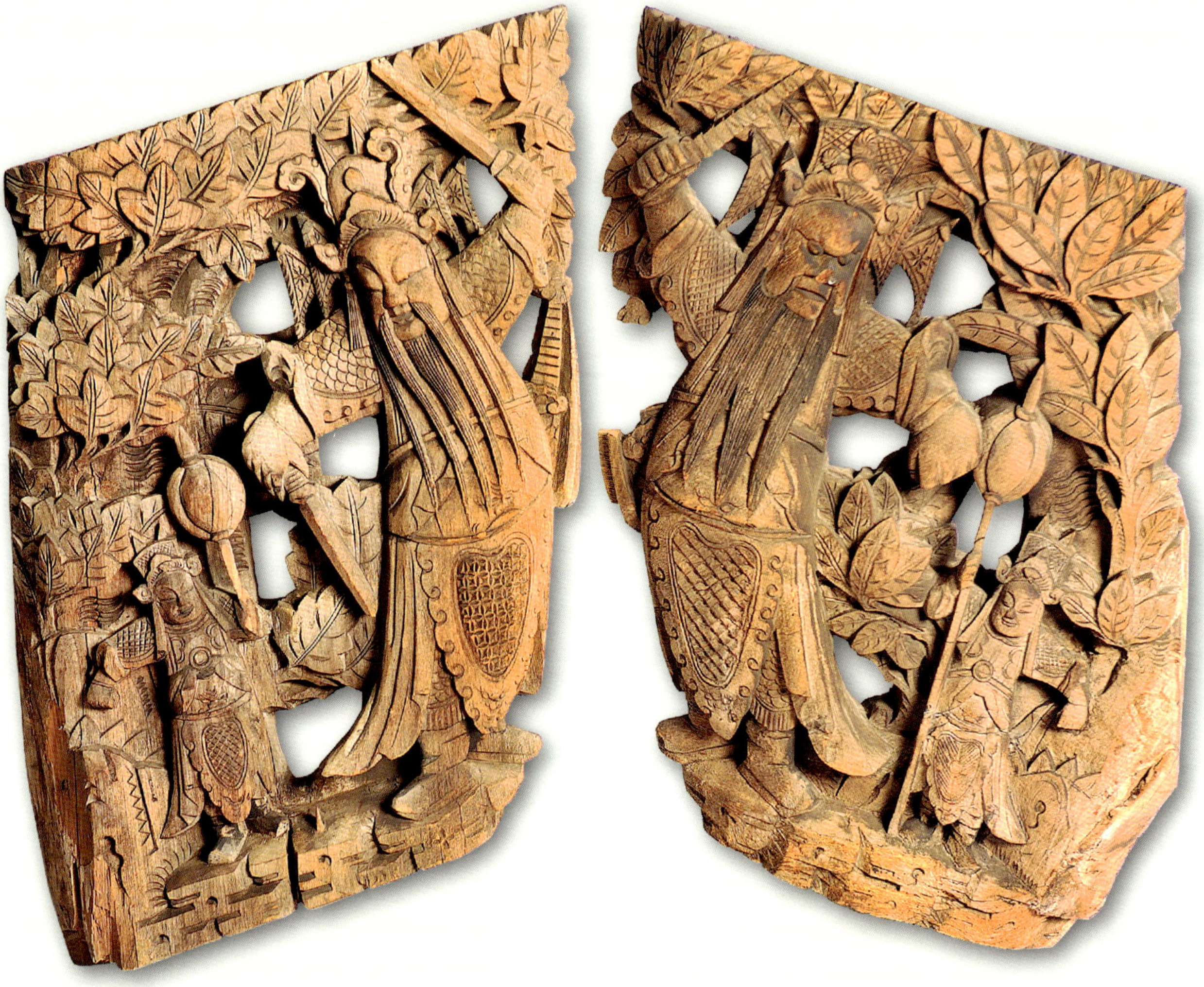

秦叔宝、尉迟恭(门神)　50×58×10cm×2

焦赞　孟良

焦赞和孟良是杨家将中两员以勇猛著称的大将，是杨家将的左右臂。他们常常一起出场，俗称焦不离孟，孟不离焦。在历史上，这两个人都有一点影子，但真实的人物并不同时服务于杨家将麾下，是艺术加工把他们撮合到一起的。在历史故事中，这二人没有帅才，只有将才。二人性格不同，焦赞善用铁枪，性格直爽，善开玩笑，据说他曾在芭蕉山做过绿林好汉，因此脸谱像个芭蕉叶。他的地位大体相当于杨延昭的警卫团长。孟良善用大斧，粗中有细，善于深入敌后完成任务，像一个特种部队。他还有一种绝活，即善用“火葫芦”攻敌，因此他的脸谱上有一个倒置的红色葫芦。正是因为这二人率直无私、光明磊落而又于保卫国家有功，所以在民间很受欢迎，也常是木雕的素材。

孟良（门神）　60×43×10cm

焦赞（门神） 68×35×9cm

哼哈二将

哼哈二将本来是西方佛教中保卫佛祖的两位金刚力士，但在《封神演义》中，他们被完全中国化了，成了商纣王的两个大将。“哼将”叫郑伦，“哈将”叫陈奇。哼将如果碰到敌人，鼻子一哼便响若洪钟，并喷出两道白光，吸人魂魄。郑伦靠这一招战胜了许多强手。哈将腹内有一道黄气，和人打仗，张嘴一哈，黄气喷涌，对手魂魄自散。周武王打败商纣王之后，这哼哈二将都成了俘虏。他们一起被姜子牙派去镇守佛教山门。因此他们便成了中国式的佛教门神。他们的形象是大力士模样，体魄强壮，上身裸露。一位用力鼓鼻，一位急张大口，形态狰狞，精神可畏。

哼哈二将（门神） 55×45×13cm×2

项羽　邓禹

项羽是秦朝末年农民起义的领袖，秦亡后自立为西楚霸王，后在楚汉相争中为汉王刘邦所败，在乌江自刎而死。项羽的勇武古今无双，古人对其有“羽之神勇，千古无二”的评价。他是中华数千年历史上最勇猛的将领。“霸王”一词，即专指项羽。

邓禹，东汉的开国名将。王莽末年，农民起义风起云涌，各地豪强拥兵自立。邓禹帮助刘秀乘势而起，中兴汉室。他有勇有谋，所向披靡，最终建立了东汉王朝，刘秀称帝，称光武皇帝。拜邓禹为大司徒等高官。邓禹有十三子，各有成就。因此，他为后世人景仰和效法。

项羽、邓禹（门神）　45×43×8cm×2

雄阔海　伍天锡

雄阔海，绰号“紫面天王”，是隋唐十八条好汉中的第四条好汉。他身长一丈，腰大数围，铁面胡须，虎头环眼，声如巨雷，使两柄板斧，重一百六十斤，一条熟铜棍，使用得神出鬼没。在攻打扬州战役中，他手托千斤闸，让起义军战士得以逃生，他自己终因体力不支，被压死在城下。他侠肝义胆，此等壮举，成为千百年来人们津津乐道的话题。

伍天锡是隋唐好汉中的第六条好汉。他身长一丈，红脸黄须，因吃人心多了，连眼睛也是红的。他本是沱罗寨寨主（其实就是土匪），投靠起义军后，骑青龙马，持一对短把凤翅镏金镗，英勇无比。在《说唐》中，他死于李元霸锤下。

雄阔海、伍天锡（门神）　45×40×9cm×2

财神

财神是我国民间普遍供奉的主管财富的神明，但各地区、各时代所祀财神不尽一样，而最主要有赵公明、比干、范蠡、管仲、刘海、关公等。其中影响最大的当推赵公明。据《三教搜神大全》记载：赵公明，终南山人，秦时避世山中，精修至道，玉皇大帝授以元帅之称，并成为赏罚诉讼，保病禳灾之神，而且凡买卖求财，只要对赵公明祈祷，无不称心如意，故民间奉其为财神。赵公明的形象多为头戴铁冠，手持宝鞭，黑而浓须，身跨黑虎，面目狰狞，因此被称为武财神。（但后世画工绘画、木工雕刻时赵公明多不跨虎。）比干是商纣王的叔父，为人耿直，见纣王无道，就直言相谏。纣王盛怒，便叫人挖了他的心脏。比干虽然没了心，但因为吃了仙人送的仙丹，所以没死。而且，正因为他没了心，世人认为他无偏无向，办事公道，所以公认他做了财神。因为他是文臣，所以他就是文财神。范蠡也是文财神。他本是越国大夫，帮助越王勾践消灭了吴国，然后到北方的陶邑做珠宝生意，发了大财，成了大富翁，并且把钱财分给老百姓，成了天下人都赞美的陶朱公，因拜其为财神。关公就是三国时的大将关云长，因为他的本领大，讲忠义，爱助人，被推崇为武神、财神及商贾的保护神，人们遇有争执之事，往往求其决断；遇到危难，爱求其帮助。旱时可向其求雨，还可求病人药方，他被视为去除恶鬼凶煞最有力的神。

本书只有文武财神的雕像。

武财神　56×46×12cm×2

武财神　60×38×11cm×2

文财神　60×40×10cm×2

武财神　56×45×12cm

武财神　56×45×12cm

喜神

所谓喜神就是吉祥之神。喜神并不像其他神明那样是由某个具体人物神化而成，他是想象出来的。这是因为人们总是希望趋吉避凶，追求喜乐而厌弃悲哀烦恼，所以阴阳术士们便凭空造出一个喜神来。这不仅满足了一般人追求喜庆的需要，还特别受到世俗婚姻的欢迎。结婚称做办喜事，办喜事当然离不开喜神。旧俗，新娘上轿时坐立必须正对喜神所在的方位，这样一生才会多有喜乐之事。不过喜神的方位是变幻不定的，这就需要请教阴阳先生。为此，清朝乾隆年间还有人专门编了一本书叫《协纪辨方书·义例·喜神》，阴阳先生按照书上的说法，指点新娘上轿，这叫“迎喜神”，然后轿子才能出发。因为喜神是想象出来的，所以模样没有具体的特点，在一般的雕刻、绘画中喜神完全是福神——天官的翻版。

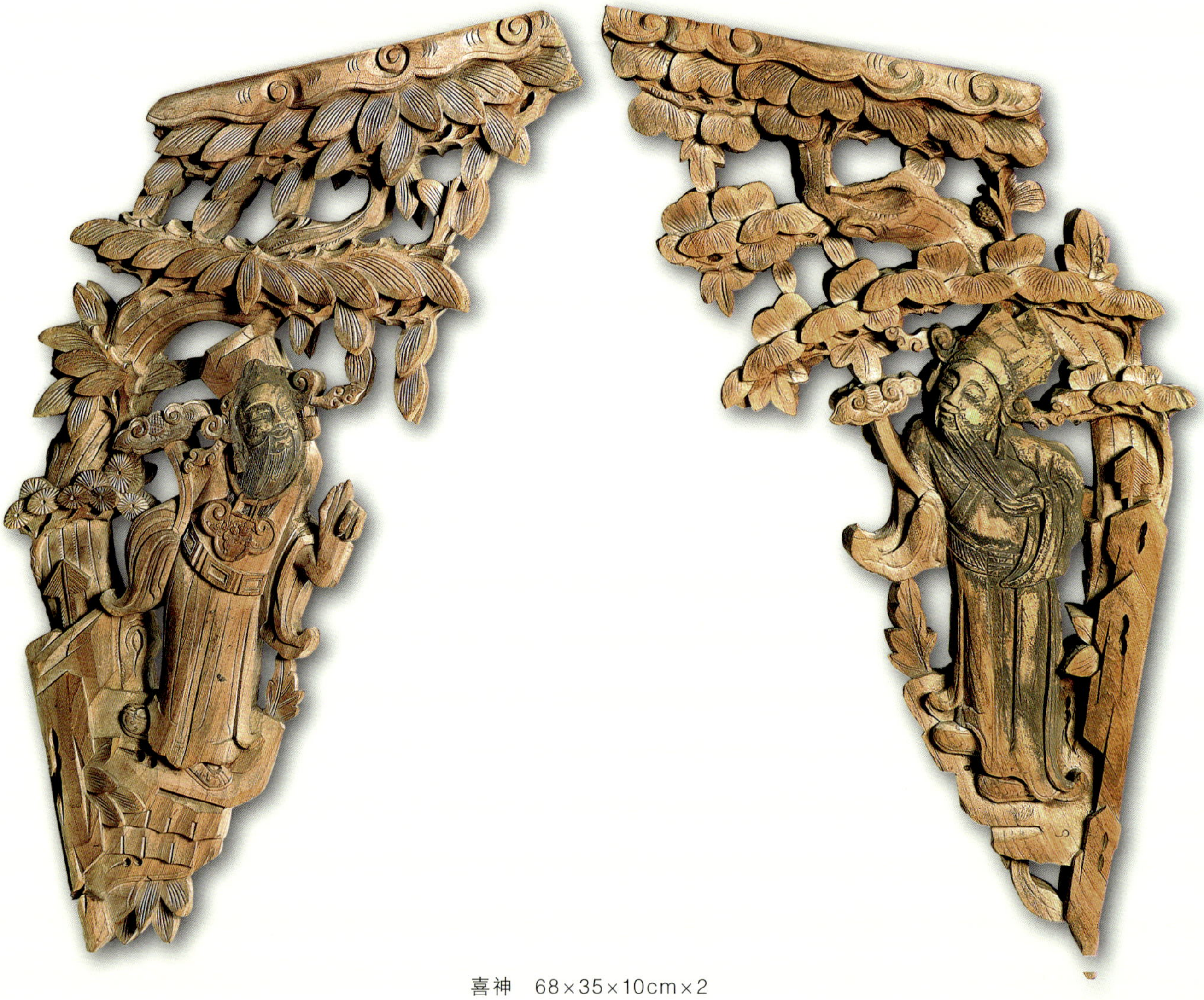

喜神　68×35×10cm×2

喜神　53×45×12cm×2

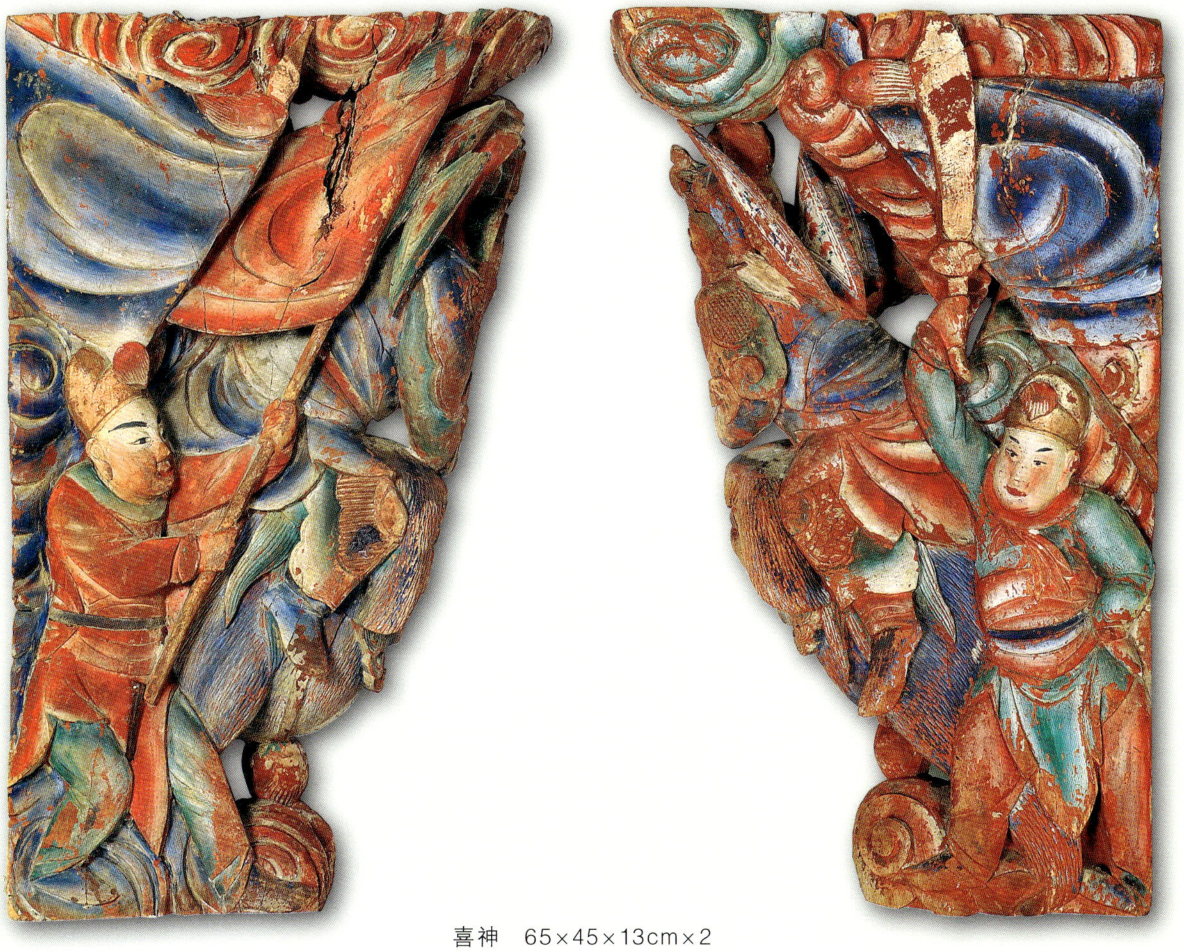

喜神　65×45×13cm×2

喜神　80×20×10cm×2

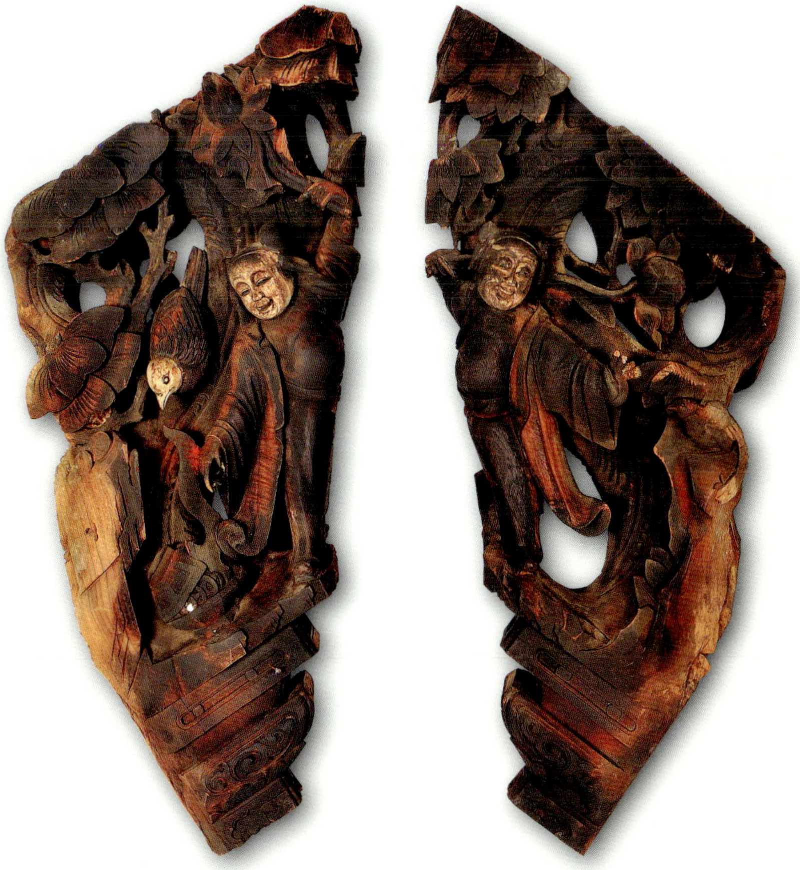

喜神　50×35×10cm×2

喜神　65×37×13cm×2

喜神　55×37×11cm×2

喜神　50×40×12cm×2

泗洲大圣

泗洲大圣又叫泗洲佛，是情侣们祈拜的神明，经常手拿杨柳枝。有一种说法，他是唐朝时西域高僧，定居泗洲（今安徽泗县）。另一种说法比较神奇：宋朝时福建惠安有一条洛阳江，一次蔡襄的母亲带小蔡襄过江，险遇危险，便许愿将来如果蔡襄做了官，就在这里造座桥。蔡襄后来果真做了大官，可来造桥时，却因江水湍急垫不好桥基。正当此时，江中一位老翁划着一只小船悠悠而来，船上坐着一位绝色女郎。老翁说谁能把钱撒在他女儿身上他就把女儿嫁给谁。于是一个接一个的男青年都来撒钱，可就是撒不中，但钱都落在了江里，成了造桥的桥基。最后有一位泗洲青年也来撒钱，大把的银子全撒到女郎身上。那女郎便和泗洲青年结了婚。原来那老翁是土地爷变的，女郎是观世音的化身。结婚那天，泗洲青年也被观世音度化成了佛。于是他也就成了泗洲大圣，成了情侣们崇敬的神。

泗洲大圣（喜神）　50×50×12cm×2

大黑天

大黑天作为一种神，在日本尤其受到尊敬。大黑天是战神，也是财神。作为战神，他勇猛威武；作为财神，他是天地的化身，经常被祭祀在厨房中。由于大黑天和大国主在日语中的发音相近，所以人们对他就更加信仰。他的形象经常是带着兜帽，右手拿着万宝槌，身背大袋，赤脚，站在装米的草袋上。

大黑天　60×45×10cm

尧舜禅让

尧、舜、禹禅让是发生在我国原始社会的事情。尧是黄帝的五世孙，他当上部落首领后，和大家一样住茅屋，吃糙米，煮野菜，穿粗衣，深受老百姓爱戴。他在位七十年后，有人推荐让他的儿子继位，但他儿子粗野、好闹事，尧坚决不同意。于是他召开部落联盟会议，让大家民主选举。大家推荐德才兼备的舜，尧很高兴，把自己的两个女儿娥皇和女英嫁给他，并考验、培养了三年，便把部落首领的位子正式禅让给舜。舜接位后，亲自耕田、打渔、制陶，并完善了社会管理制度，使得社会太平，百姓安居乐业，舜同样受到老百姓的爱戴。舜晚年时，和尧一样通过民主推荐的办法选定禹为他的接班人。尧舜禹时代是中国历史上的开明盛世，他们禅让的故事是中国历史的千古佳话。

帝尧访贤　50×45×13cm×2

尧舜禅让　60×44×12cm

文王访贤·姜太公钓鱼

商朝末年，纣王无道，民怨沸腾。这时，生活在岐山、渭水一带的周国逐渐强大起来，周文王一心想讨伐商朝。可是，他身边虽然有不少文臣武将，但缺少一个文武全才的人帮他筹划灭商大计，他便到处寻访贤才。一天，来到渭水之滨，见一个老者正在钓鱼，但却行为怪异：一是钓鱼的钩子不是弯的，而是直的，这怎么能钓着鱼！二是鱼钩不放到水里，却离水有三尺高，这同样钓不着鱼。但嘴里却念念有词地说："不想活的鱼儿呀，你们愿意的话，就自己上钩吧！"文王便走向前和他攀谈起来。得知此人姓姜名尚，字子牙，因为他的祖先封于吕，所以又名吕尚。此人果然不是凡庸之辈，而是一个眼光远大、学问渊博之人，他上知天文，下知地理，对政治、军事都有研究，特别对当时的商朝和周国的政治形势分析得头头是道。而且，原来他也在等待时机，想为周国效力，一起推翻商朝，解民于倒悬。只是因为怀才不遇，所以才在这里看似钓鱼，实际是为了消磨时间。周文王一听，喜不自胜，"踏破铁鞋无觅处，得来全不费工夫"，原来自己寻访之人就在眼前。于是两人言谈投缘，一拍即合。周文王立即叫手下人拉来车子，请姜尚上车，自己亲自拉车，回到都城。所以，民间有"姜子牙坐车辇，文王拉纤"的传说。又因为周文王自幼受到祖父的赏识，祖父希望他将来能得到贤能帮助，统治国家。今天访到了姜尚，姜尚也正是祖父所盼望的人，后来就叫他"太公望"，也叫"姜太公"。在民间则有"姜太公钓鱼——愿者上钩"的歇后语。后来，姜子牙果真帮助周文王和他儿子周武王推翻了商纣王的统治，建立了周朝。

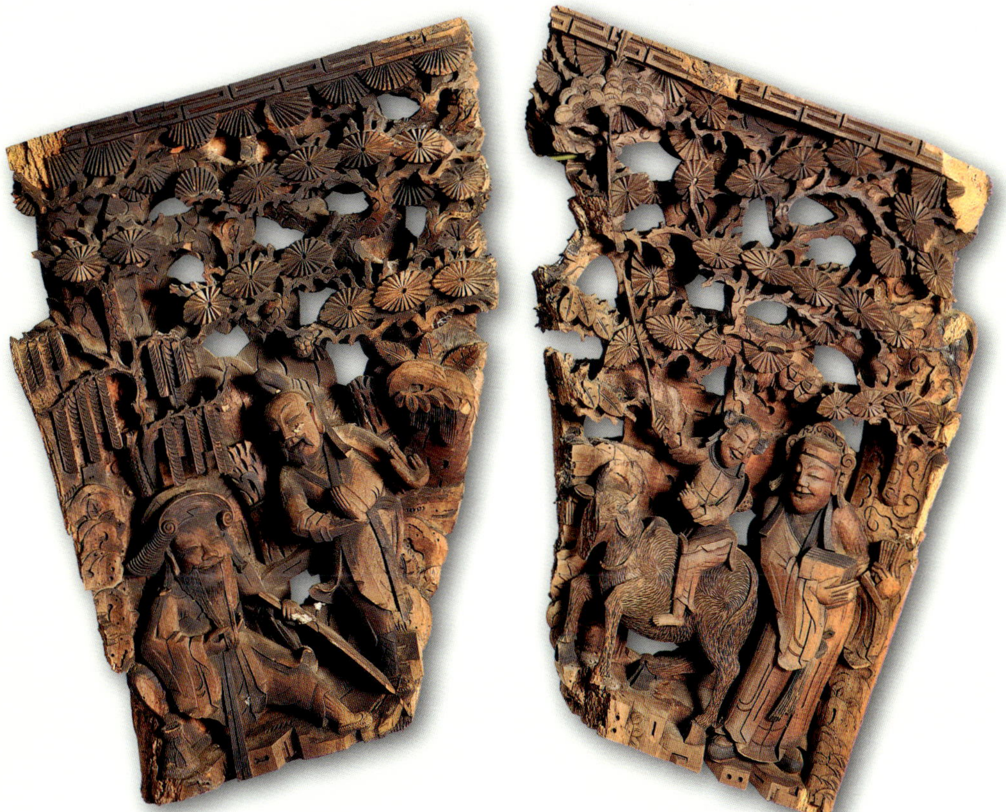

左：垂钓　右：放风筝　58×45×12cm×2

姜太公钓鱼　65×40×10cm

周文王拉辇　60×35×9cm

文王访贤　38×80×6cm

左：姜太公钓鱼　右：戏文人物　65×45×13cm×2

单刀赴会

单刀赴会是《三国演义》中的故事。当时，蜀国刘备和吴国孙权结成联盟，共同对付曹操。不料，为荆州事两国闹翻。孙权向刘备索要荆州，刘备不给，一时僵持不下。吴国鲁肃为维护孙刘联盟，设宴邀请蜀国大将关云长共商此事。但为避免引起争斗，要求关公单刀赴会。关公一身是胆，冒险赴约，只带一把宝刀和少数随从前往。结果据理力争，并以大刀相威胁，文武兼施，保住了荆州。

单刀赴会　38×80×6cm

单刀赴会（局部）

竹林七贤

魏晋时期，司马氏和曹氏争夺政权，社会动荡，民不聊生。一些文人雅士不仅无法施展才华，而且时时担忧性命安全。因此，他们便崇尚老庄哲学，从虚无缥缈的神仙境界中去寻找精神寄托，饮酒赋诗、清谈佯狂。嵇康、阮籍、山涛、向秀、刘伶、王戎及阮咸七位高士，是当时玄学的代表人物，常聚在当时的山阳县（今河南辉县、修武一带）竹林之下，文酒雅聚，肆意酣饮，世谓“竹林七贤”。他们大都“弃经典而尚老庄，蔑礼法而崇放达”。 在政治上不与统治当局合作。在文学创作上，以阮籍、嵇康为代表。阮籍的《咏怀》诗八十二首，多以比兴、寄托、象征等手法，隐晦曲折地揭露最高统治集团的罪恶，讽刺虚伪的礼法之士，表现了诗人在政治恐怖下的苦闷情绪。嵇康的《与山巨源绝交书》，以老庄崇尚自然的论点，说明自己的本性不堪出仕，公开表明自己不与司马氏合作的政治态度，文章颇负盛名。这七贤的高风很为后世文人所敬仰。“竹林七贤”的典故常常被用来指文人放荡不羁，独立于世俗之外，有时也用来比喻朋友的交情深厚。

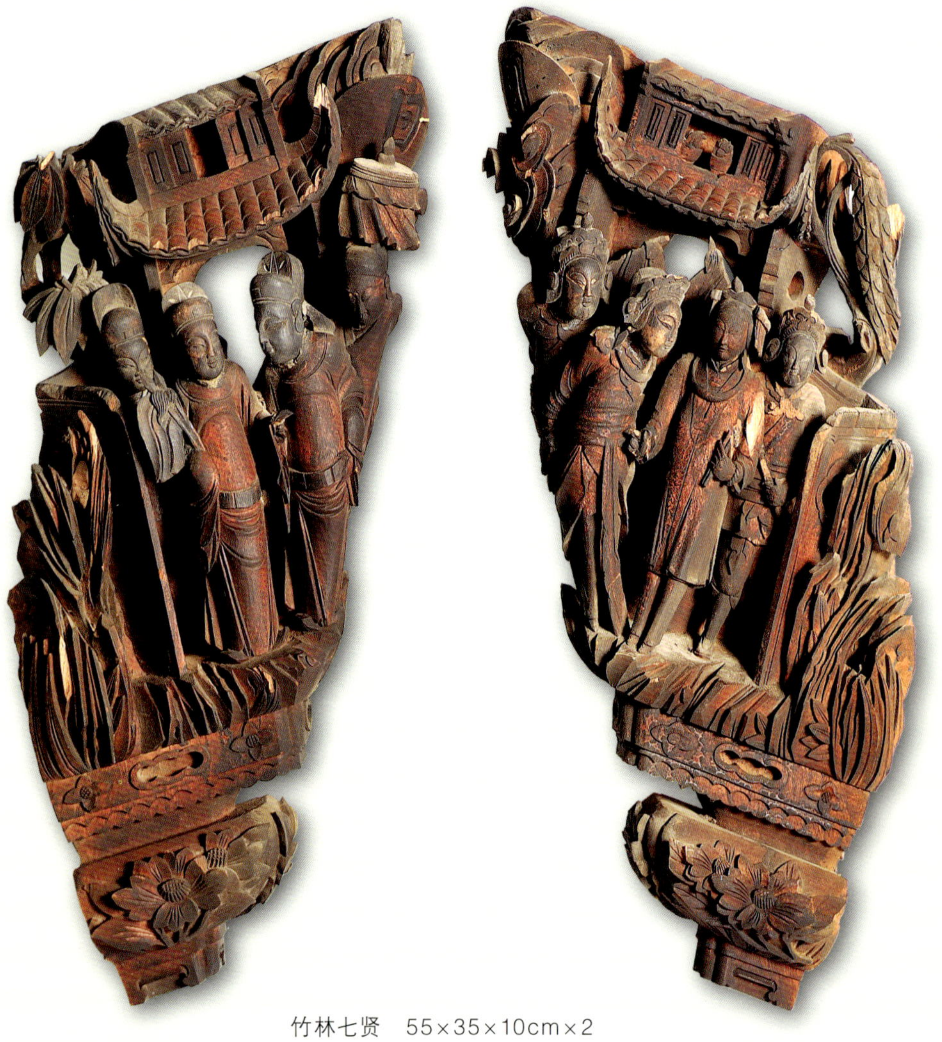

竹林七贤　55×35×10cm×2

郭子仪拜寿

郭子仪是中唐名将，陕西华县人，祖籍山西汾阳。以武举高第入仕从军，累迁至九原太守、朔方节度右兵马使。安史之乱时，率军收复洛阳、长安两京，功居平乱之首，晋为中书令，封汾阳郡王。后又平定当时的异族叛乱。朝廷赖以为安。他侍奉圣上亦忠心耿耿，召之即来，来之能战，不计毁誉，不谋权位。他是四朝柱石，戎马一生，屡建奇功，大唐因有他而二十年安宁，史称“权倾天下而朝不忌，功盖一代而主不疑”，举国上下，享有崇高的威望和声誉。年八十五而寿终。他官高、富贵、长寿，后代繁衍安泰。他有八子七婿，都是朝廷的重要官员，孙辈百人。他六十大寿时，儿孙全来祝贺，纷纷向他行大礼，他认不清是谁，只是点头笑答。寿场上热闹非凡，喜气洋洋。因此，郭子仪的多子、多福、多寿，是中国人的一个理想榜样。“郭子仪拜寿”也就成了戏剧、雕刻等各种艺术的重要内容。

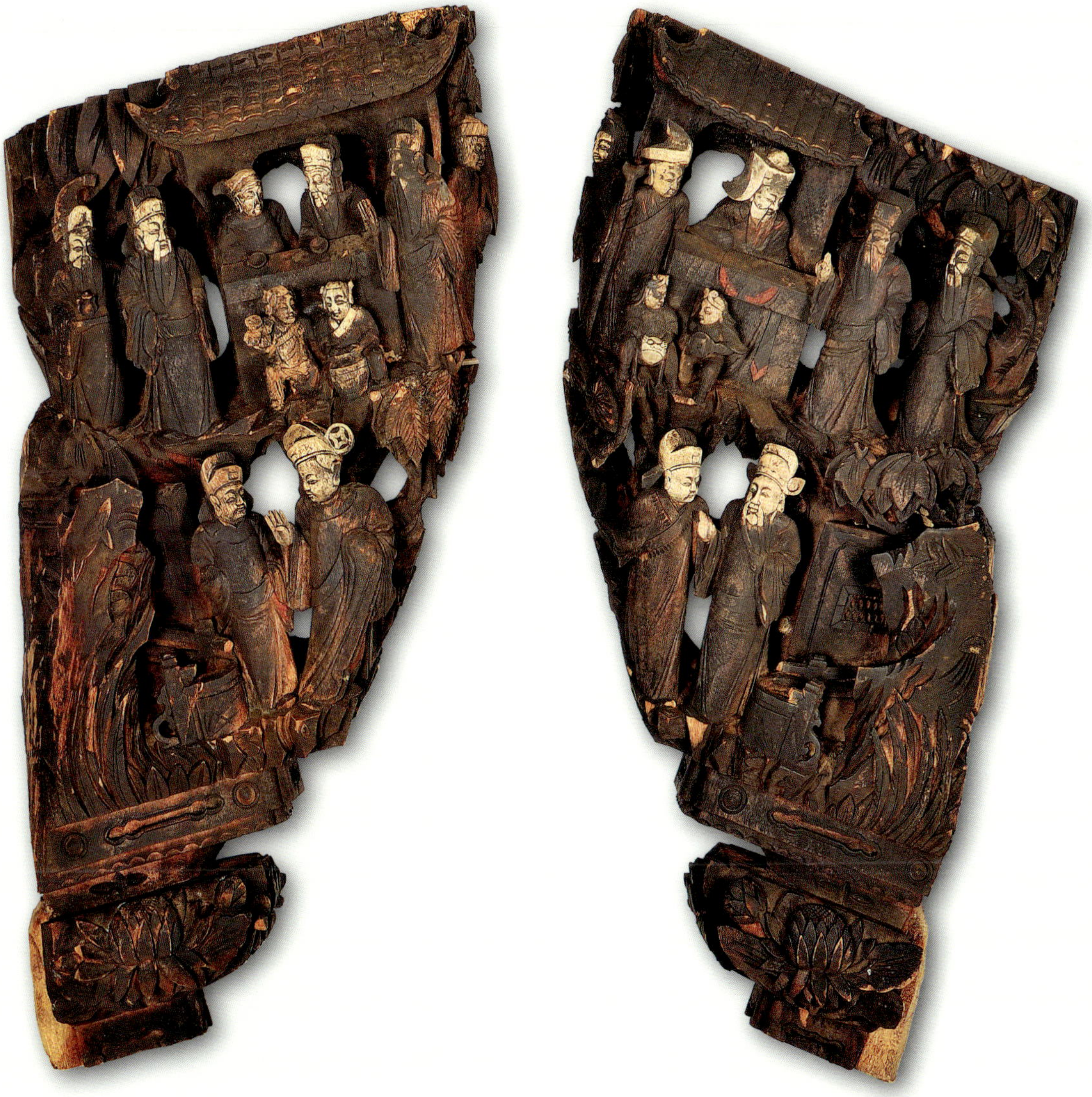

郭子仪上寿　53×40×12cm×2

煮酒论英雄

这方木雕雕的是《三国演义》中青梅煮酒论英雄的故事。木雕里的两个英雄人物，一个长歌当啸，豪气冲天，指点群雄；一个寄人篱下，一味谦恭，装孬不折本，这两个人分别是曹操和刘备。

汉朝末年，群雄并起。一时曹操势强，视大汉江山而志在必得；刘备为汉室之后，欲挽皇权于将颓，但当时势弱，暂时在曹操手下种菜，唯恐曹操知道自己的宏图大略，只得韬光养晦，委曲求全。一天，曹操召刘备对坐饮酒，欲借此探究刘备心迹；刘备早知曹操诡计，心里已有防范。青梅酒热、交杯推盏之际，曹操问刘备天底下哪些人是英雄，刘备佯装糊涂，说出的都是些落败人物，想让曹操知道自己是眼光短浅、胸无大志之人。哪知曹操突然说："天下的英雄就是你和我！"刘备一惊，手中的筷子和汤匙陡然落地，马上就会被曹操看出破绽。危急之时，天公相助，一声霹雳响雷，分散了曹操的注意力，刘备立即拾起汤匙、筷子，从容地说："雷声真大，吓得我连筷子都掉了！"曹操说："大丈夫也怕雷吗？"刘备说："连孔子这个大圣人都怕雷，我怎能不怕！"于是一场紧张的局面顿时转危为安，酒，继续喝了下去。

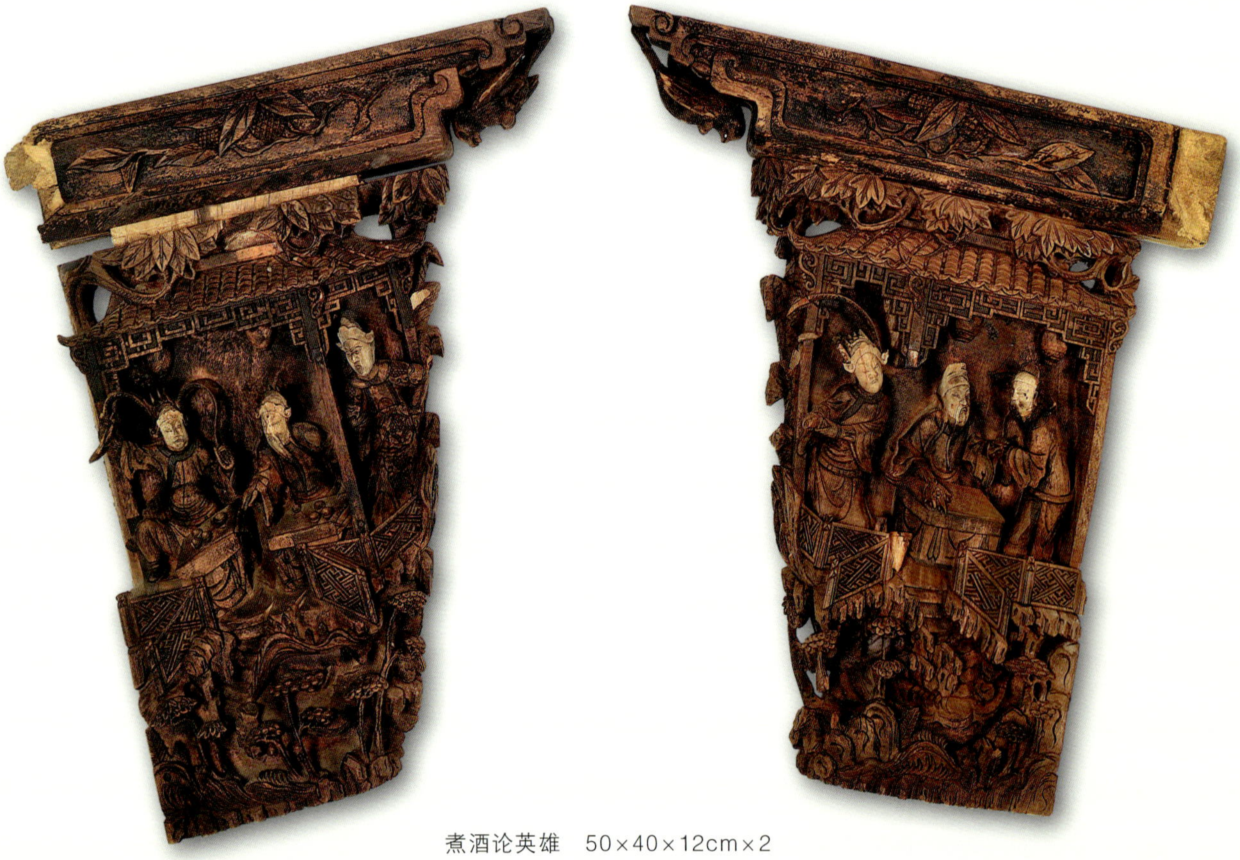

煮酒论英雄　50×40×12cm×2

三英战吕布

三英战吕布是《三国演义》的一段精彩故事。“三英”即指刘备、关羽、张飞。话说汉末之际，董卓乱政，各路诸侯共往讨伐。董卓居虎牢关，吕布乃其手下猛将，拿下吕布即可攻克虎牢。吕布自恃武艺高强，首先引兵挑战。公孙瓒出迎，随即败下阵来。此时张飞大喝一声，挺丈八蛇矛冲上前去，战五十回合不分胜负。关云长把马一拍，舞动八十二斤青龙偃月刀，夹攻吕布。激战三十回合，依然战不倒吕奉先。于是，刘备掣双股剑，驰黄鬃马，杀将过来。三人围住吕布，好一阵厮杀。吕布招架不住，飞马便回。三人哪里肯舍，直追而上。此时各路大军一起杀上阵来，往虎牢关追去。

三英战吕布　42×60×12cm

吕布戏貂蝉

汉朝末年，董卓当权，意欲篡汉。其义子吕布骁勇非常，使董卓如虎添翼，越发肆无忌惮。司徒王允忧国忧民，决心除掉董卓。王允府中歌姬貂蝉年方十八，色艺双绝，能歌善舞，深明大义，愿舍身救国。于是王允施展连环计，先把貂蝉许配给吕布为妻，再献给董卓为妾，故意让父子二人争风吃醋。二人一见貂蝉，都神魂飘荡，不能自持。一日，貂蝉被董卓带回府中，吕布闻知盛怒，直驱董府，却遭董卓驱赶。而貂蝉却对吕布频送秋波，并表示芳心只在吕布，不让吕布离去，并假意投池自尽，吕布慌忙阻拦。二人缠绵亲昵之际，董卓赶来，撞个正着。董卓持剑直刺吕布，吕布夺路而逃。又一日，王允假传圣旨，召董卓进宫，路上被吕布拦截包围，吕布持戟直刺董卓咽喉，董卓死。这段风流的政治故事，生动地写在《三国演义》中，也长期在民间流传，貂蝉也因此得以跻身中国“四大美女”之列。

左：吕布戏貂蝉　右：王司徒巧施连环计　53×50×12cm×2

张辽　许褚

张辽和许褚都是三国时魏国的名将，《三国志》有传。张辽字文远，面如紫玉，目若朗星。他的一生几乎都是在战争中度过的，跟随曹操南征北战，出生入死，为在极端混乱的三国时代，结束豪杰并起、军阀混战的局面，使北方渐趋统一，立下了汗马功劳。张辽勇武无比，在魏吴争斗中，差点把孙权俘虏，因此威震东吴，以至吴地小孩啼哭，大人以"张辽来哉"吓之，小孩立即停哭。但最终他还是在随曹丕征讨江东时被吴将射中腰部，不治而身亡。死后，曹丕厚葬之。

许褚，长八尺余，腰大十围，容貌雄毅，勇力绝人，绰号"虎痴"，常使用九耳八环象鼻刀。一生对魏国忠心耿耿，主要负责曹操的护卫工作。曹操称帝，许褚总督中军禁兵，其部下也多被官封将军。许褚死后，其子孙继承了他的爵位。

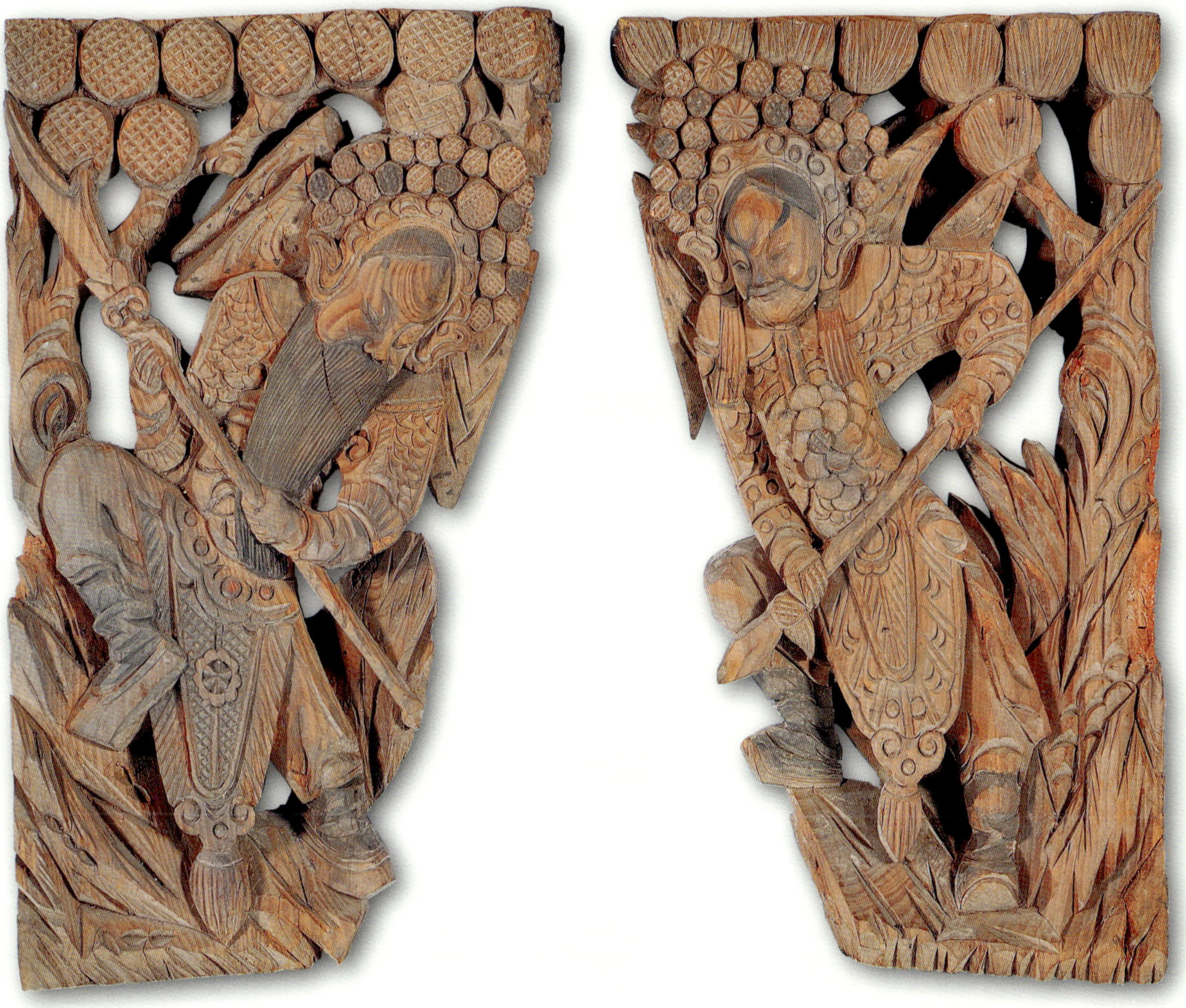

许褚、张辽　60×48×13cm×2

古城会

刘备败于曹兵之后，桃园结义的三兄弟失散，关羽暂住在曹操处。当关羽得知刘备下落后，立刻保护二位嫂嫂到古城去找刘备。途中听说张飞在古城，喜不自禁，急忙前往相会。张飞因关羽久居曹营，怀疑关羽投降了曹操，不许关羽进城，并出城责备。关羽正在为自己进行表白的时候，蔡阳率军追来，张飞更加怀疑，于是关羽杀了蔡阳以表示自己对兄弟的一片赤胆忠心。张飞知道自己错怪了二哥，刘备也出面讲情，误会解除，兄弟重又相聚。这是刘备，关羽，张飞再次相聚，也就是历史上有名的古城会。

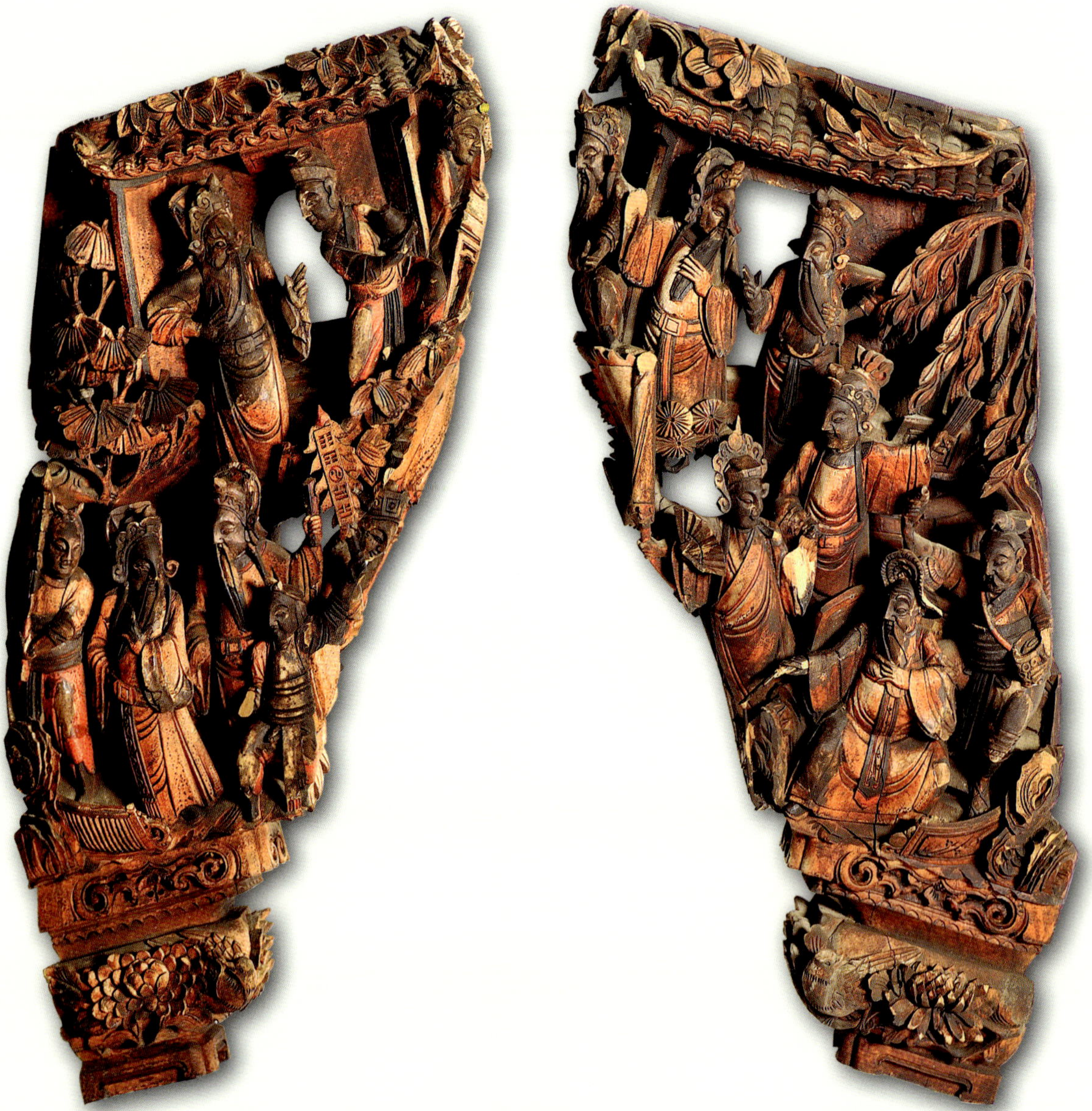

古城会　63×38×10cm×2

赵云　黄忠

赵云，在三国时的五虎大将中排名老三（其余四将为关羽、张飞、马超、黄忠），别名子龙，常山（今河北正定）人，身长八尺，浓眉大眼，姿颜雄伟，英武潇洒，武力超群，一派相貌堂堂、文武双全的英气少年形象。他是三国时蜀汉的名将重臣，追随刘备，戎马一生，骁勇善战，胆略过人，刘备称其一身是胆，军士呼其虎威将军。长坂坡一役，冒死救出甘夫人和刘禅，义贯金石，千古留名。古人有诗赞曰："常山有虎将，智勇匹关张。汉水功勋在，当阳姓字彰。两番扶幼主，一念答先皇。青史书忠烈，应留百世芳。"

黄忠是三国时蜀汉刘备麾下的一员老将，位在五虎大将之列。他的形象与"老"字结缘，他几乎是"老当益壮"的代名词，有些歇后语也是由他的形象演变而来，如"黄忠交朋友——人老心不老"，"黄忠出阵——不服老"，"黄忠抡大锤——老当益壮"等。黄忠武艺高强，有勇有谋，还有百步穿杨的箭术。历史上，他与春秋时赵国的老将廉颇齐名。在民间，他作为老将军的形象深受百姓喜爱。

五虎将之赵云、黄忠　52×45×12cm×2

三国戏文　65×50×12cm×2

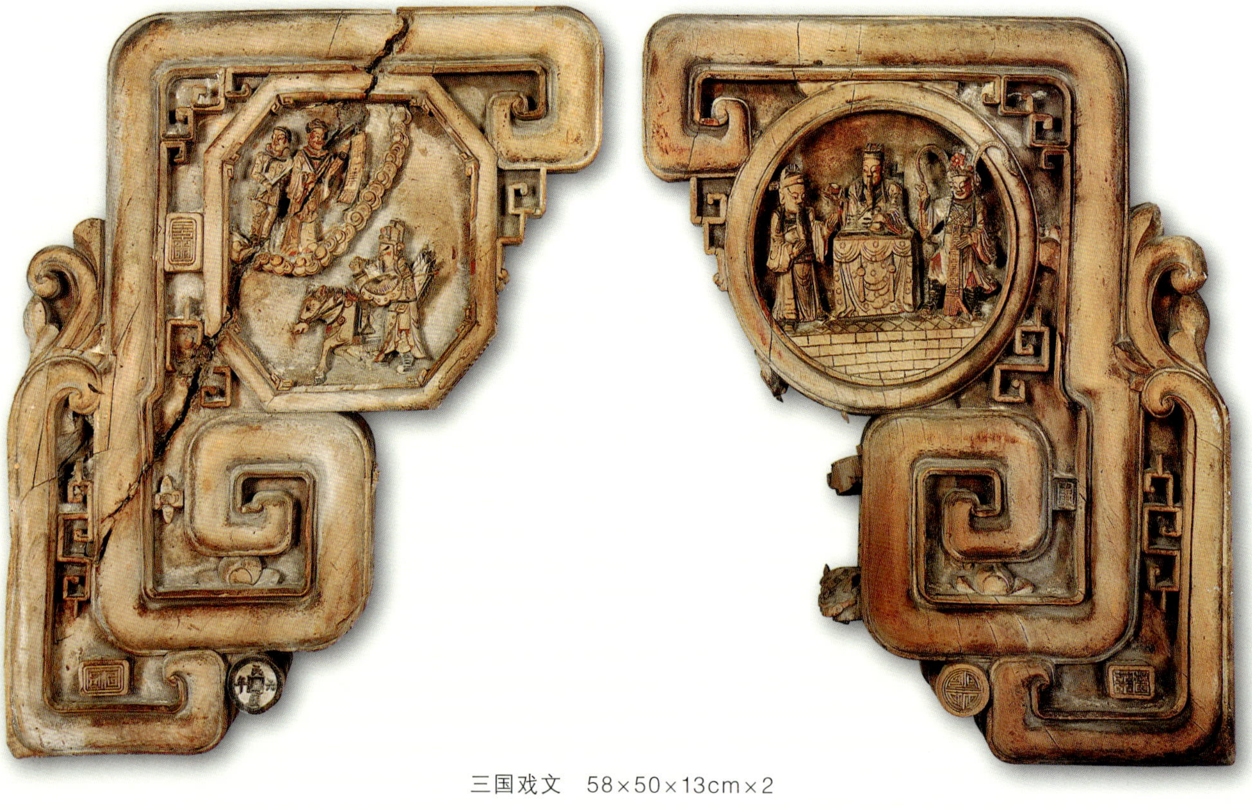

三国戏文　58×50×13cm×2

三国戏文　50×62×13cm×2

杨家将

提到杨家将，人们首先会想到杨继业，他是宋朝名震千里的一代名将，是杨家将的第一代将领。大宋王朝，边境长期不得安宁。杨家将先后七代，前仆后继，忠心报国，为国家的安定立下了赫赫战功，其英烈家风可歌可泣。杨继业战死了，其子孙杨六郎、杨宗保、杨文广等继续战斗；男人牺牲了，佘太君、穆桂英等女人继续战斗；主人战死了，杨排风等家丁、丫鬟也要继续战斗。杨家将的故事在明朝就已编成《杨家将演义》、《杨家将传》在民间广为传播。因此七郎八虎闯幽州、血战金沙滩、穆桂英挂帅、杨门女将、十二寡妇征西、佘太君百岁挂帅、杨排风……一个个故事生动精彩，一个个人物形象栩栩如生。

杨门女将　75×45×11cm×2

情定穆柯寨

穆桂英是北宋抗金家族杨家将中的英雄人物。她原为穆柯寨穆羽之女，武艺超群、机智勇敢，传说有神女传授神箭飞刀之术。因阵前与杨宗保交战，生擒宗保并在穆柯寨与之成亲，遂归于杨家将之列，为杨门女将中的杰出人物。与杨家将一起征战卫国，屡建战功。佘太君（佘赛花）百岁挂帅，率十二寡妇西征，她五十三岁尤挂先锋印，深入险境，力战番将，大获全胜，是中国古典文学中巾帼英雄的典型形象。

穆柯寨　70×50×12cm×2

《三侠五义》故事"盗杯"

《三侠五义》是古典长篇侠义公案小说经典之作，主要叙写宋朝包拯在侠客、义士的帮助下，审奇案、平冤狱、除暴安良、行侠仗义的故事。书中塑造了一位铁面无私、不畏权势的清官形象，曲折地体现了人民的愿望。书中穿插了大量侠客活动，表现了侠客们路见不平、拔刀相助的正义行为。其中"陈州放粮"、"狸猫换太子"等故事都是人们耳熟能详的。"三侠"是指北侠欧阳春，南侠展昭，丁氏双侠丁兆兰、丁兆蕙二人为一侠；"五义"是指钻天鼠卢方，彻地鼠韩彰，钻山鼠徐庆，翻江鼠蒋平，锦毛鼠白玉堂这五鼠弟兄。这里选录的两方木雕，经木工雕花师傅辨认为"盗杯"。

三侠五义·盗杯　65×40×11cm×2

三侠五义·盗杯　65×40×11cm

戏文人物 65×40×11cm×2

刀马人物 65×43×12cm×2

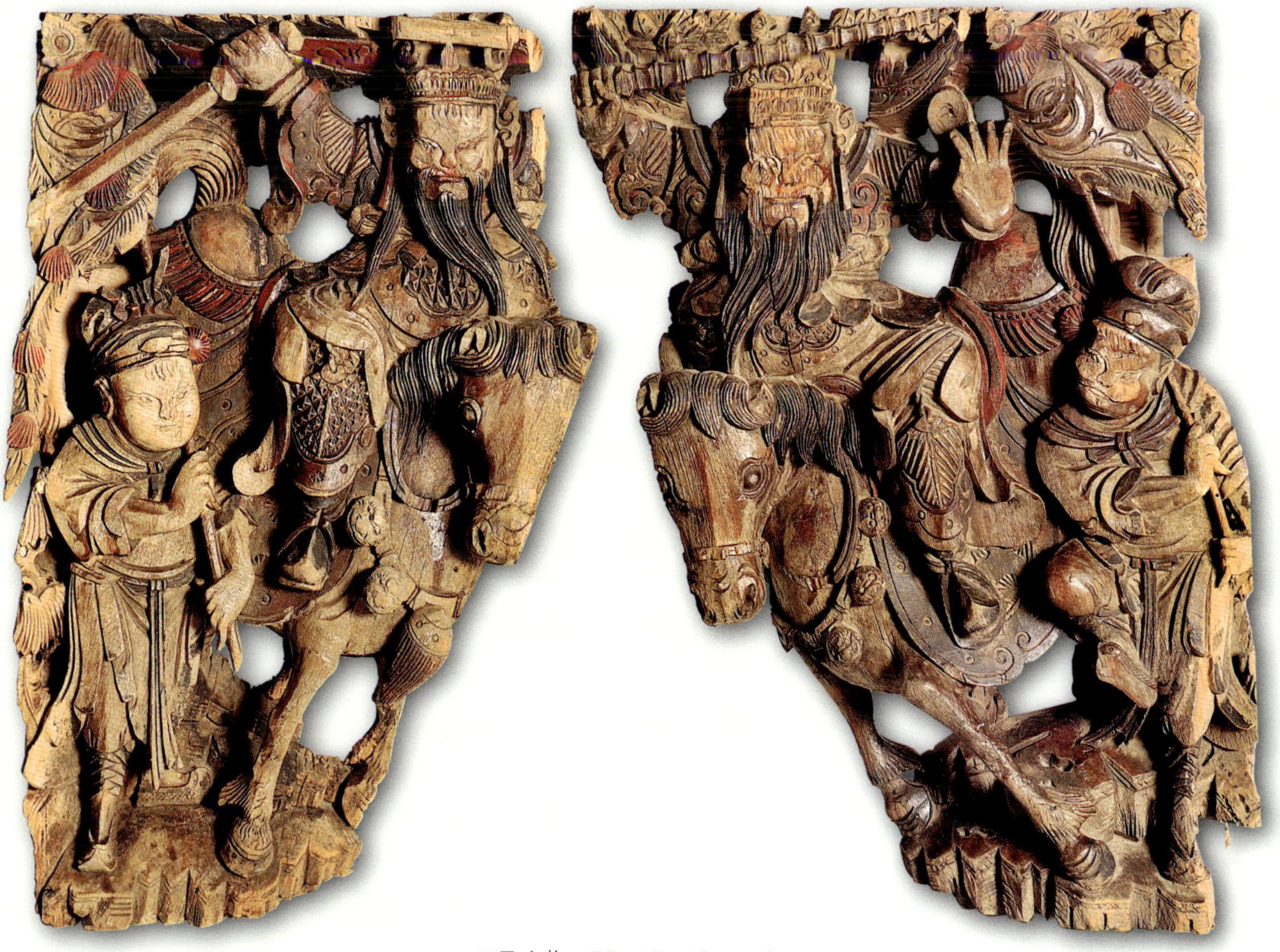

刀马人物　55×45×12cm×2

戏文人物　360×40×30cm

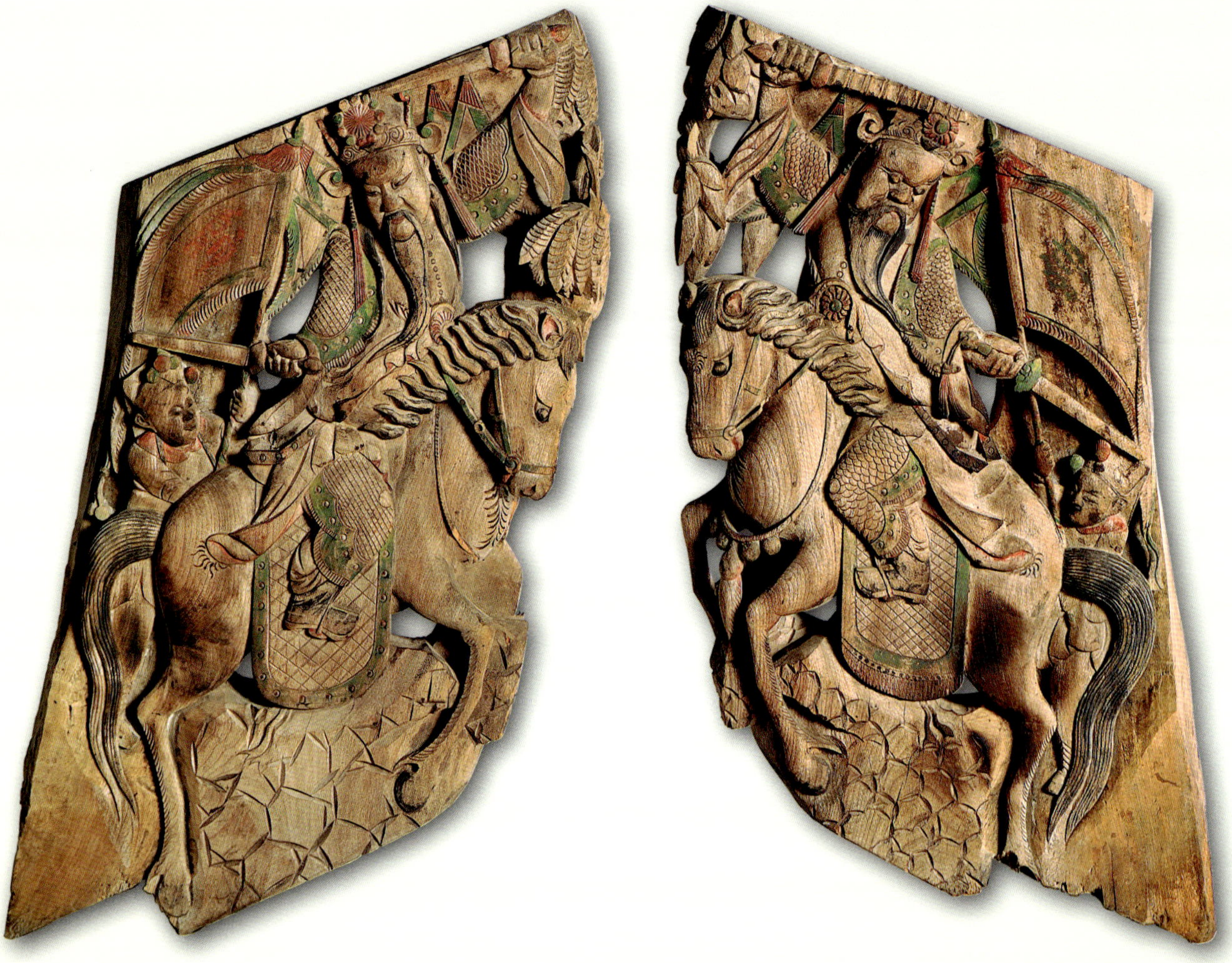

刀马人物　60×38×10cm×2

四爱、八爱

木雕中经常有四爱八爱图的内容。人们通常把俞伯牙爱琴、陶渊明爱菊、王羲之爱鹅、嵇康爱竹、李白爱酒、杜甫爱诗、孟浩然爱梅、林和靖爱鹤、周敦颐爱莲、苏东坡爱砚、米芾爱石等组合成四爱或八爱图，以显示房屋主人的雅兴和爱好。本书收录的这方面的内容是：

陶渊明爱菊　陶渊明是我国著名的东晋时诗人。他一生洁身自好，不与世俗同流合污。在做彭泽县令时，不“为五斗米折腰向乡里小儿”，乃辞官归田，高吟着“归去来兮”回到自己的家乡，过起了田园生活，种田养花，优哉游哉。他最爱菊花，在东篱种菊，秋时烂漫纷呈。他时往艺植观赏，赋诗题咏，吟唱道：“采菊东篱下，悠然见南山”！

周敦颐爱莲　周敦颐是宋朝的理学家，创办濂溪书院，设帐授徒。他一生爱莲，以莲表示自身的高洁。他有一篇著名的散文《爱莲说》，中间有名句：“出淤泥而不染，濯清涟而不妖。中通外直，不蔓不枝，香远益清，亭亭净植，可远观而不可亵玩焉。”此乃咏莲的千古绝唱！

米芾爱石　米芾，中国北宋书法家，画家，书画理论家。祖籍太原，迁居襄阳。米芾平生于书法用功最深，成就最大。他是“宋朝四大书法家”（苏、黄、米、蔡）之一，名列苏东坡和黄庭坚之后，蔡襄之前。其书体潇洒奔放，又严于法度。但如果撇开苏东坡一代文宗的地位和黄庭坚作为江西诗派领袖的影响，单就书法一门艺术而言，米芾传统功力最为深厚，尤其是行书，实出二者之右。他天资高迈、性格潇洒，个性怪异，有洁癖。他举止颠狂，尤其爱石成癖，遇石就拜，称兄称丈，膜拜不已，因而人称“米颠”。米芾爱石的故事很多，兹举一例。他在涟水做官时，因石废政，受到上级追查。按察使到了涟水，严肃地查问他：“朝廷将千里郡的地方交给你，你怎么能终日玩弄石头，不理政务？”米芾自知理亏，只得用石头作为对策。他从左袖中取出一方石头，嵌空玲珑，峰峦洞穴俱全，色极清润，拿给按察使看，并问“这石头怎么样”？按察使眼睛一瞥，不予理会。米芾又换了一块石头，叠峰层峦，奇巧得很，按察使看看，仍不为所动。米芾又把这方石头纳回袖中，再取出一方，极尽天雕神镂之巧，对按察使说：“这种奇石，还能不爱？”此时，按察使再也掩饰不住自己，忽然开口道：“不光你爱，我也很喜欢它。”说罢，即从米芾手中取过这方石，径直登车离去。米芾逃过了这一劫，官虽不大，但仍然继续做了下去。

孟浩然踏雪寻梅　孟浩然是唐朝田园诗人，与王维齐名。湖北襄阳人。平生爱梅，有《早梅》一首。早年隐居鹿门山，年四十，游长安，应进士不第，临行前留给好友王维一首诗，转身骑驴过灞桥踏雪寻梅去了。这成了我国古代诗坛的一段佳话。后来民间工艺往往以之为题材进行艺术创作。

米芾爱石　65×45×12cm

孟浩然踏雪寻梅　65×45×12cm

左：渊明爱菊　右：茂叔爱莲　57×50×7cm×2

图版（三）：和合·刘海·八仙

这一部分内容是前一部分“神仙·戏文”的继续。和合二仙、刘海和八仙也都是神仙，他们是由人而神的。因为这三方面的内容比较丰富，所以单独列为章节。和合二仙是佛教中的人物，是友爱、吉利、夫妇和睦、家庭幸福的象征；刘海戏金蟾表达的是和谐、吉祥、富贵发财的内涵；八仙是道教中的人物，一个个神通广大，深受老百姓的喜爱。在本书的木雕牛腿中，这些神灵造型生动而丰富，不管是思想内涵还是雕刻艺术，都值得好好品味。

和合二仙

和合二仙，又称和合二圣，是我国民间传说中主恩爱、友情、和美的喜庆之神。

和合二仙为何许人，历来说法不一，而较为通俗的说法则是指寒山和拾得。关于寒山和拾得的身世、来历也有不同版本，我们采用的是流传最广的一种说法。

寒山、拾得本是凡俗之身，历史上实有其人，并非生来就是仙人。他们同住北方某村，虽异姓而亲如兄弟，寒山年龄略长几岁。二人同爱一女而寒山不知，临婚之际，寒山始知详情，于是弃家到了浙江天台山国清寺削发为僧。拾得得知此情，亦舍女来到天台。见面之时，拾得手捧荷花礼见，寒山急持盛斋饭之盒出迎。故友重逢，相向而舞。拾得亦从此为僧。二人同在寺庙修行，慈悲济世，和合人间，遂成一代高僧。唐朝贞观年间，他们一起来到苏州妙利普明塔院，此院从此改名寒山寺。若干年后，民间珍视他们情同手足的情谊，敬仰他们的神道佛法，便把他们推崇为友爱、和睦的民间爱神。至清朝雍正年间，皇帝正式封寒山为“和圣”，拾得为“合圣”，“和合二仙”从此名扬天下。他们所体现出的“和合”精神正是中华民族所固有的人文精神，是深厚的中华文化沃土培育出来的高尚精神境界。“和”就是和谐、和平、祥和；“合”则是合作、和睦、融合。有一首歌谣把这种和合精神诠释得很准确：“和气乃众和，合心则事合。世人能和合，快活乐如何！”正是因为这种可贵的精神，和合二仙，在历史的长河中，永远深得民心；也正因为此，他们的形象逐渐被神化和艺术化，尤其成了年画、木雕、砖雕、石雕的常见题材。其形象通常是作僧状，往往为两个蓬头笑面之神；也有的作长发披肩的两个孩童，一幅活泼可爱的神态。他们一个手持荷花，一个手捧圆盒，有的盒子里还飞出五只蝙蝠。荷花是并蒂莲的意思，盒子象征合好，蝙蝠则寓意五福临门，总的意思就是“和（荷）谐合（盒）好”，大吉大利。人们往往以此祝贺新婚夫妇永结同心，白头偕老；也以此祝福家庭、社会的和谐幸福。

苏州的寒山寺是和合二仙终成正果的地方，至今寒拾殿中供奉着寒山、拾得精美的木雕金身雕像，大雄宝殿后壁嵌有扬州八怪之一的大画家罗聘的寒山、拾得写意画石刻。

寒山、拾得不仅在中国被神化、被敬仰，也同样受到日本人的推崇和爱戴，至今，每年除夕之夜，大批日本人来到寒山寺听钟声，参拜和合二仙，祈求一年的和顺和美好。

寒山是诗人，《全唐诗》收录其诗作303首，被列为释家诗之首。他也受到五四时期新文化运动的健将胡适的推崇，在胡适的白话文学史中，寒山被认为是唐代早期三位白话诗人之一。进入20世纪后，寒山又居然成为西方嬉皮士的精神领袖，其蓬头跣足的形象为他们所仿效。寒山的诗也曾在美国风行一时。

寒山、拾得（尤其是寒山），两个真实的历史人物，由于他们的德操和佛法，不仅在中国有着广泛的影响，而且名声传扬到东方和西方；不仅在民间受到敬重，而且在文学领域受到推崇。结果他们被神化了，被奉为仙人，而且成为了艺术形象。尤其常见于建筑的木雕中。本书共收录“和合二仙”木雕102块，虽然造型各异，雕刻手法有别，但都展现了寒山拾得生动可爱的形象。

和合二仙　77×25×5cm×2

和合二仙　62×38×8cm×2

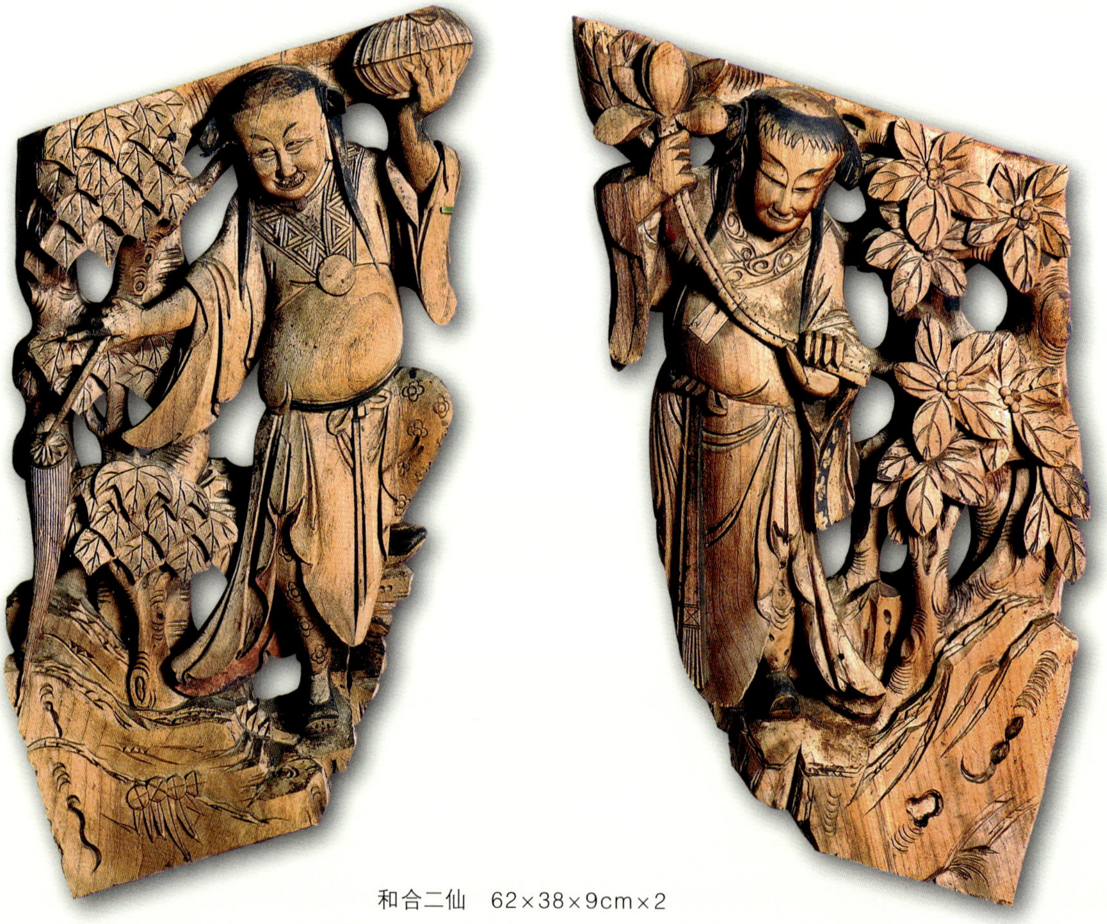

和合二仙　62×38×9cm×2

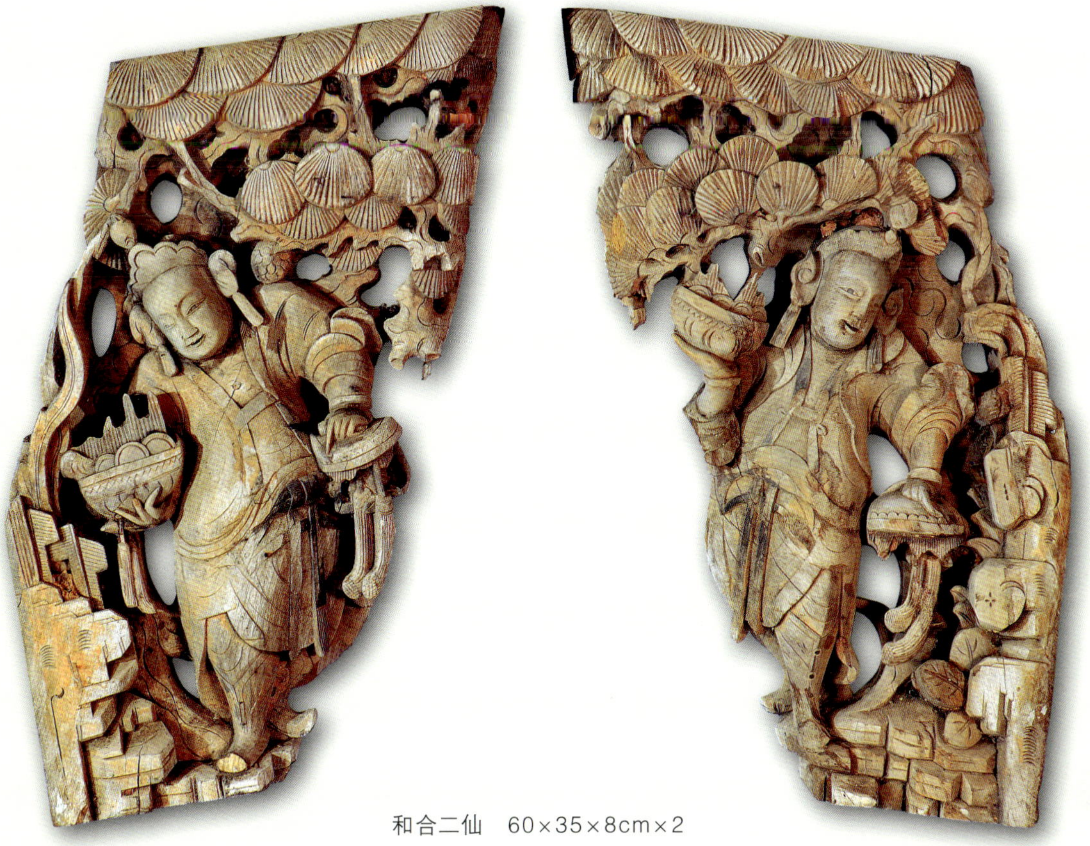

和合二仙　60×35×8cm×2

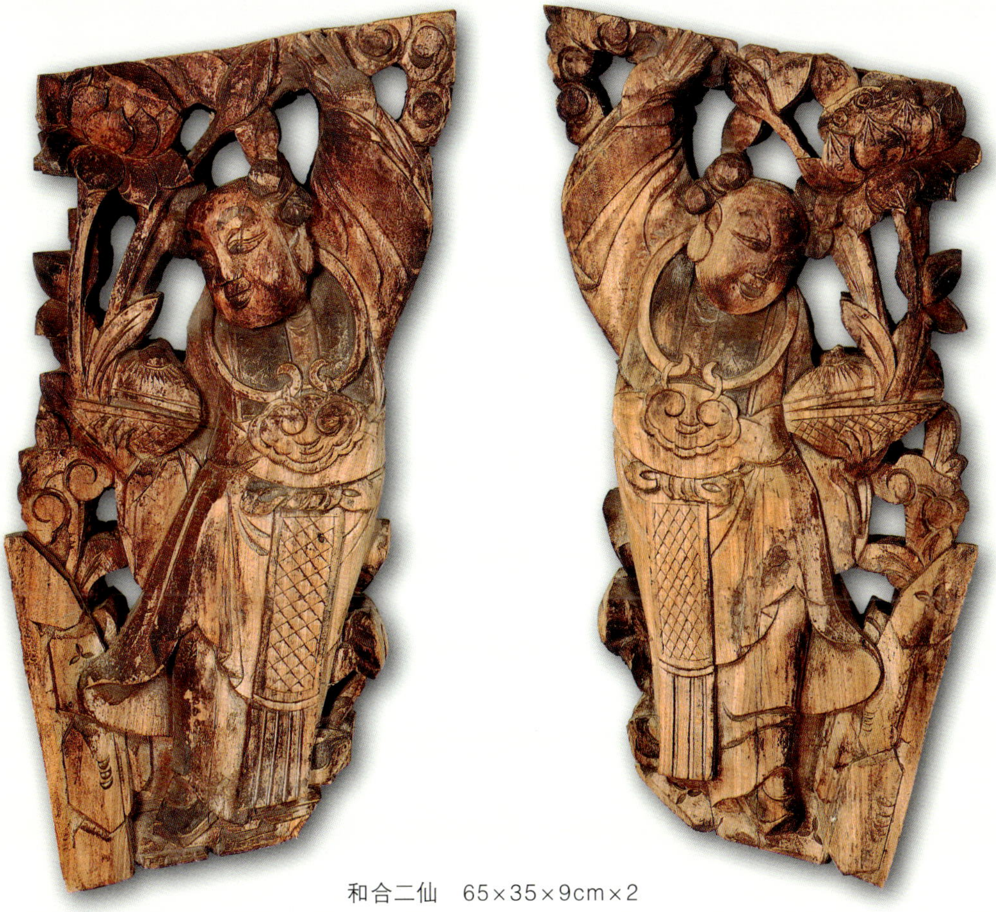

和合二仙　65×35×9cm×2

和合二仙　70×32×9cm×2

合仙　70×35×10cm

和合二仙　65×35×10cm×2

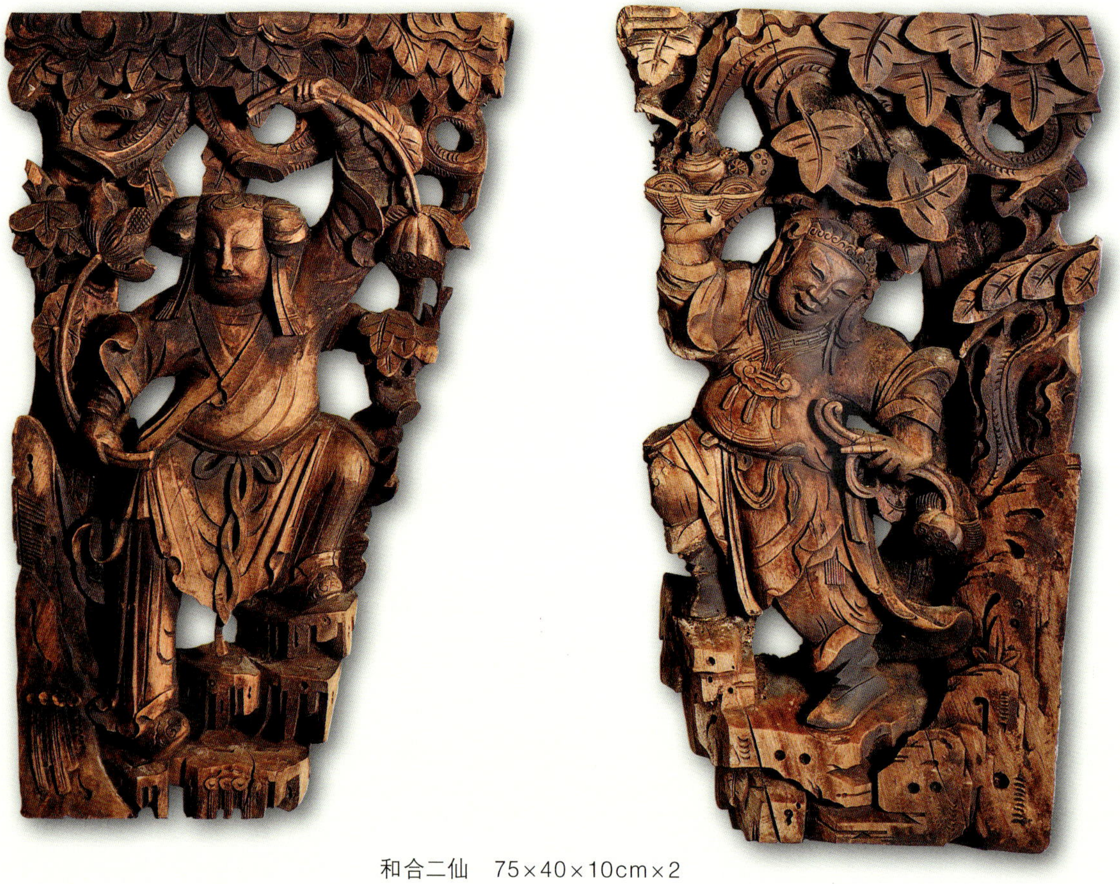

和合二仙　75×40×10cm×2

和合二仙　55×45×12cm×2

和合二仙　50×45×10cm×2

和合二仙　54×27×8cm×2

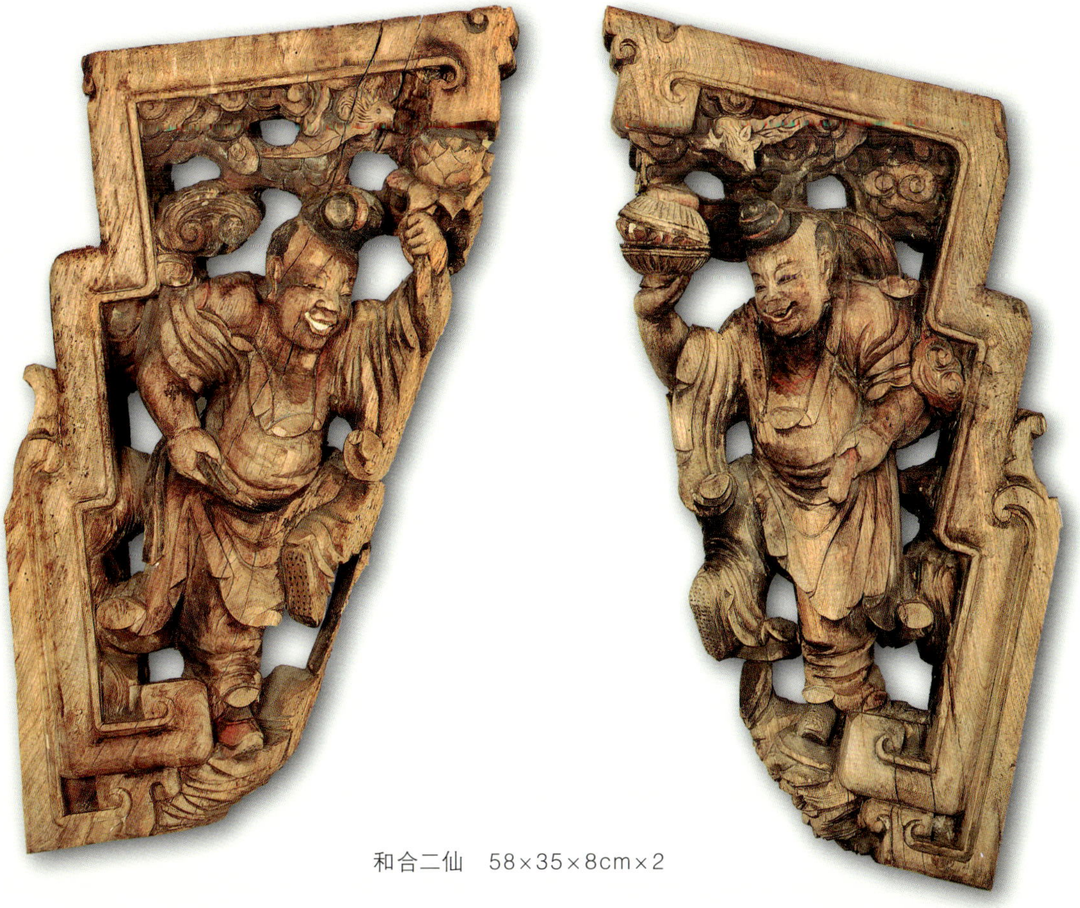

和合二仙　58×35×8cm×2

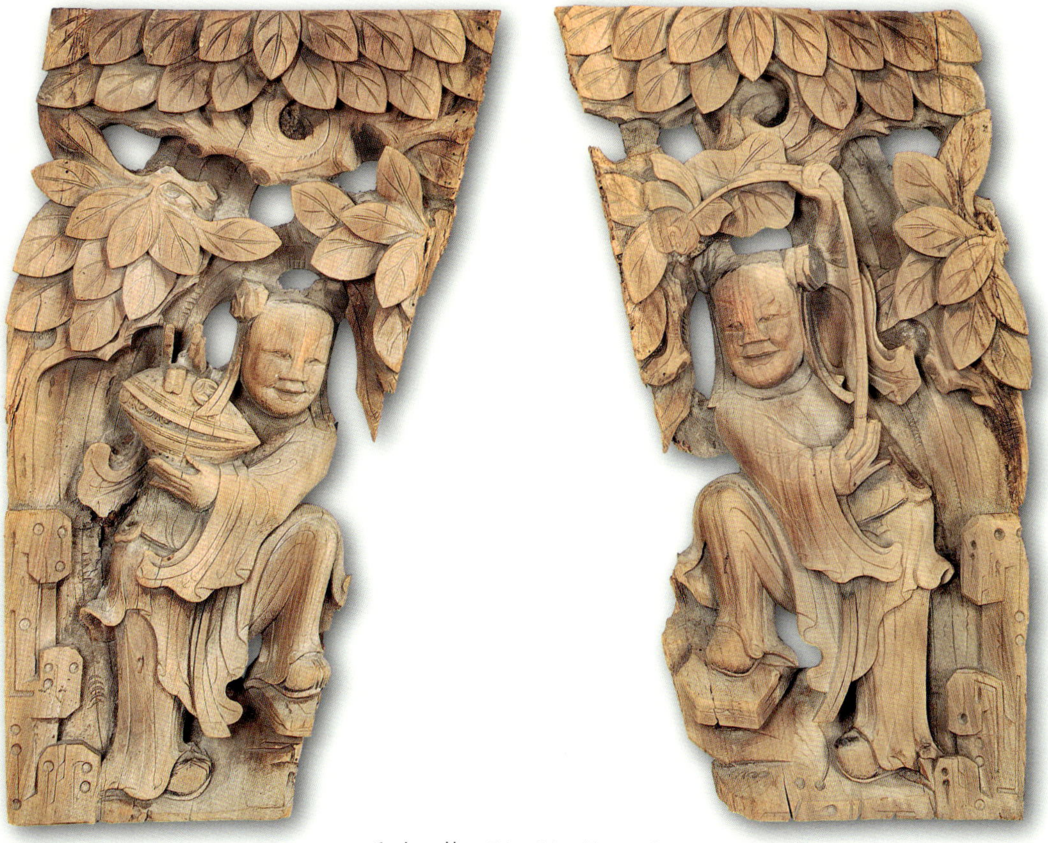

和合二仙　56×32×7cm×2

和合二仙　84×38×10cm×2

和合二仙　75×35×10cm×2

和合二仙　56×39×6cm×2

和合二仙　78×40×8cm×2

和合二仙　60×40×10cm×2

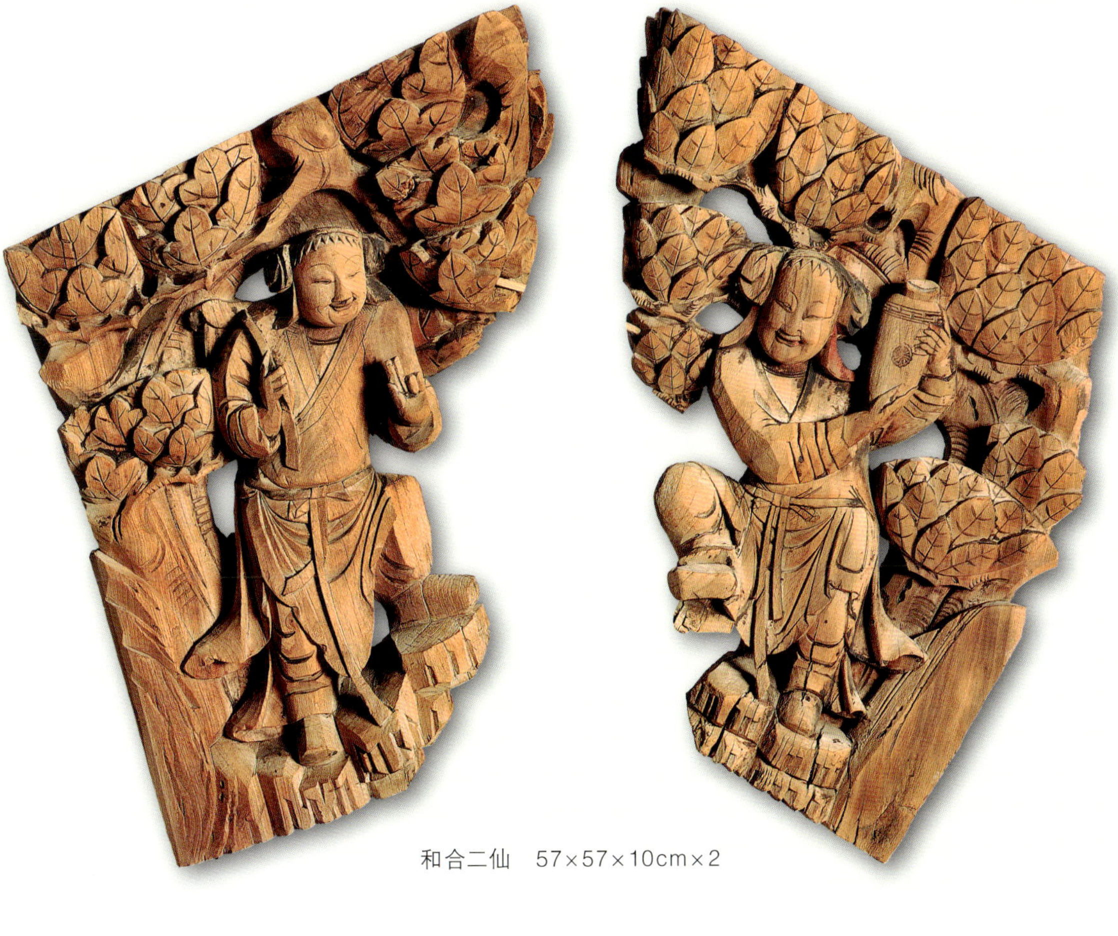

和合二仙　57×57×10cm×2

和合二仙　50×45×12cm×2

和合二仙　45×45×10cm×2

和合二仙　70×35×10cm×2

和合二仙　60×39×9cm×2

和合二仙　53×50×10cm×2

和合二仙　50×45×9cm×2

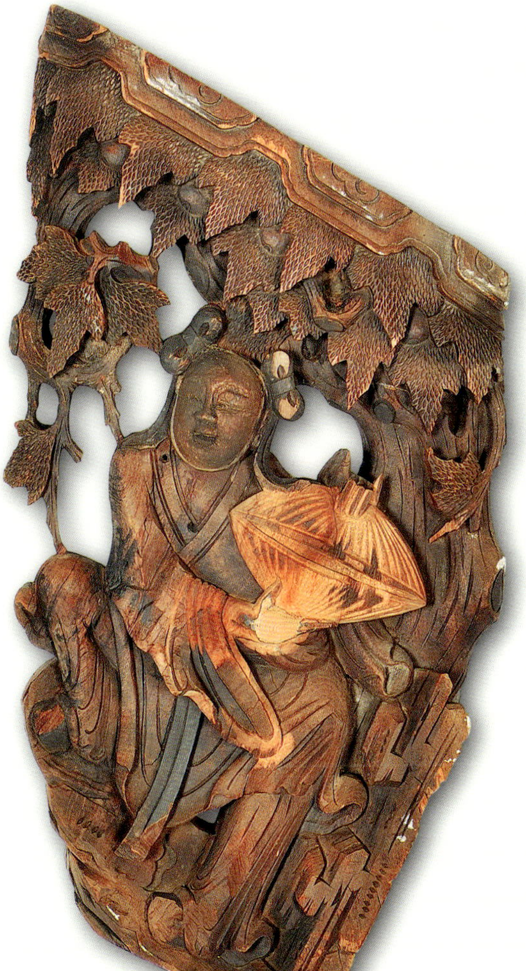

和合二仙　55×45×9cm×2

和合二仙　91×26×9cm×2

和合二仙　85×28×8cm×2

和合二仙　52×50×10cm×2

和合二仙　55×45×10cm×2

和合二仙　65×40×9cm×2

和合二仙　58×45×10cm×2

和合二仙　76×28×9cm×2

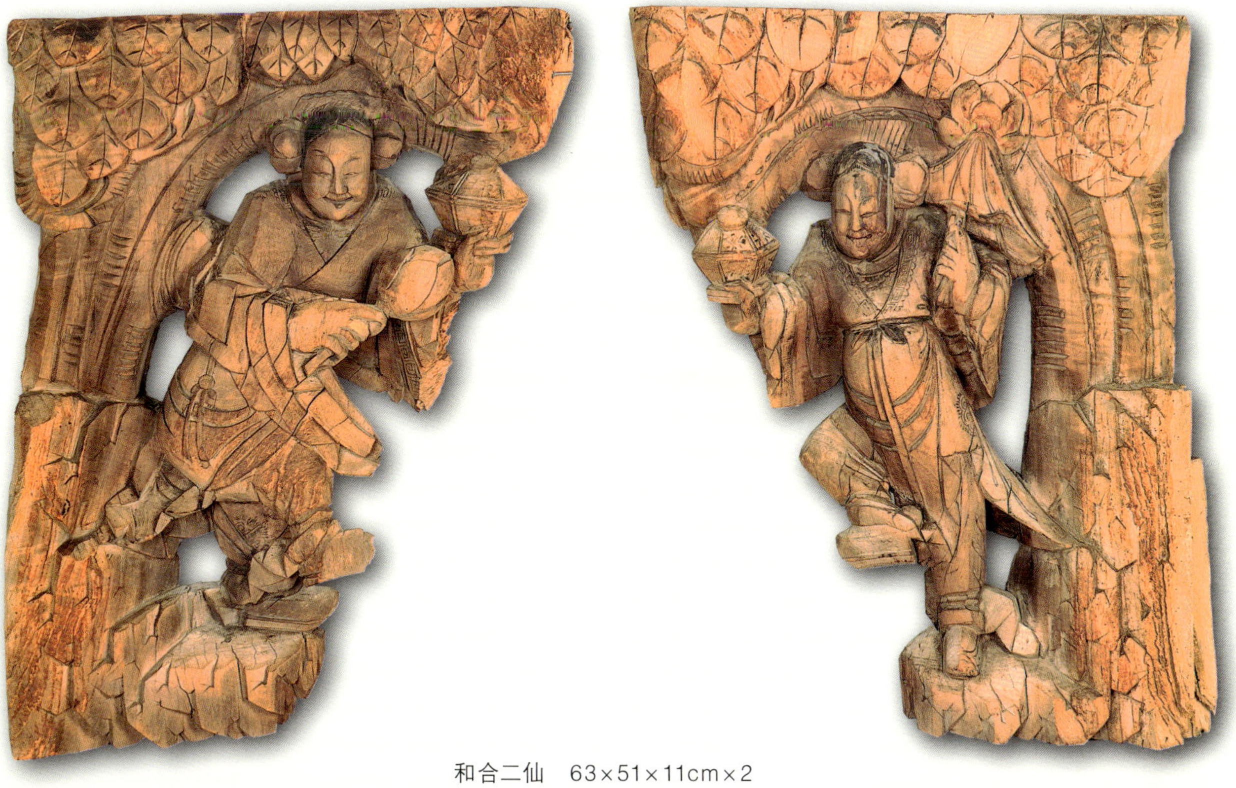

和合二仙　63×51×11cm×2

和合二仙　65×52×12cm×2

和合二仙　55×40×8cm×2

和合二仙　56×37×6cm×2

和合二仙　61×30×10cm×2

和合二仙　65×30×10cm×2

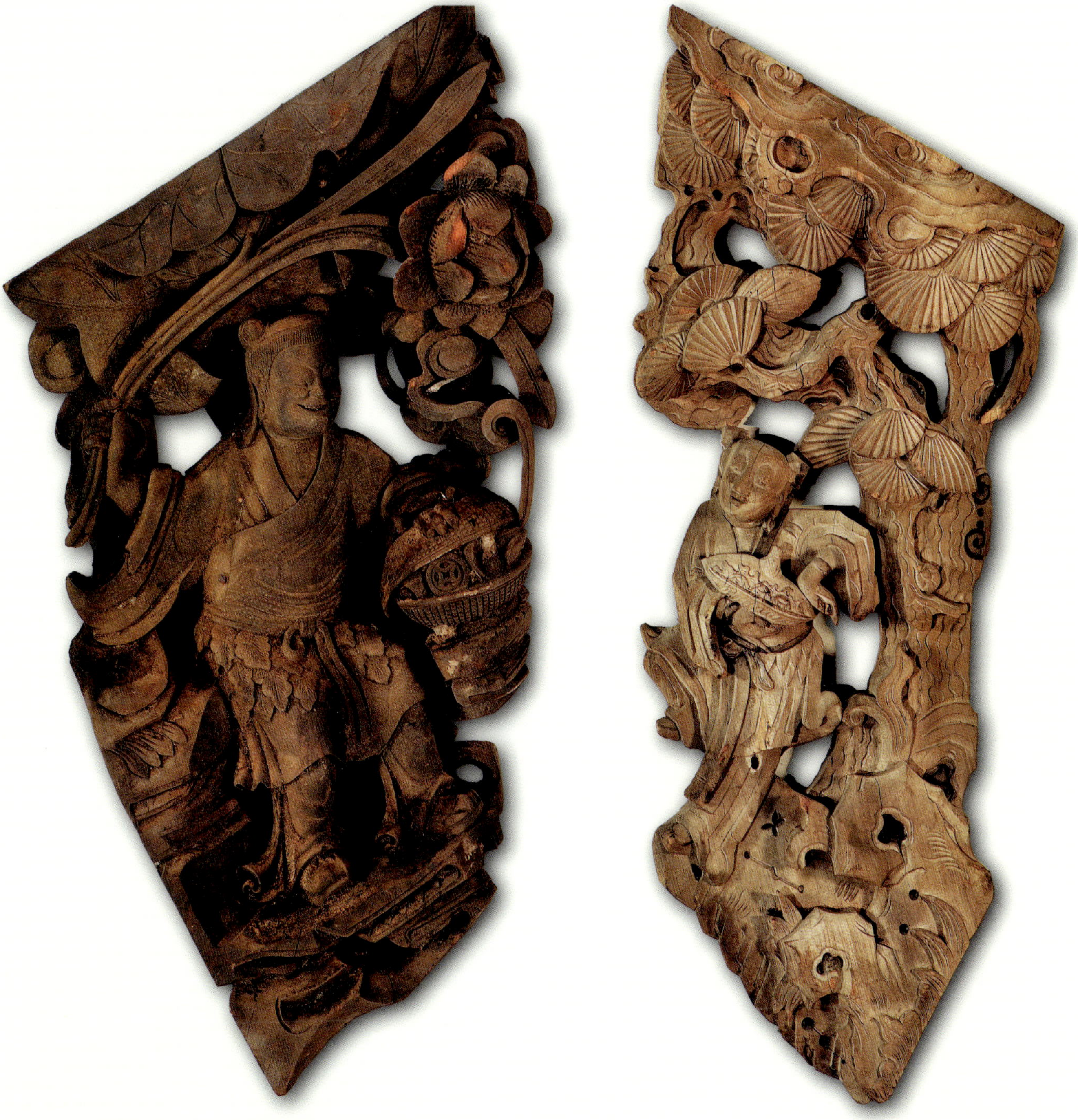

和合二仙　50×40×10cm×2

和合二仙　55×45×10cm×2

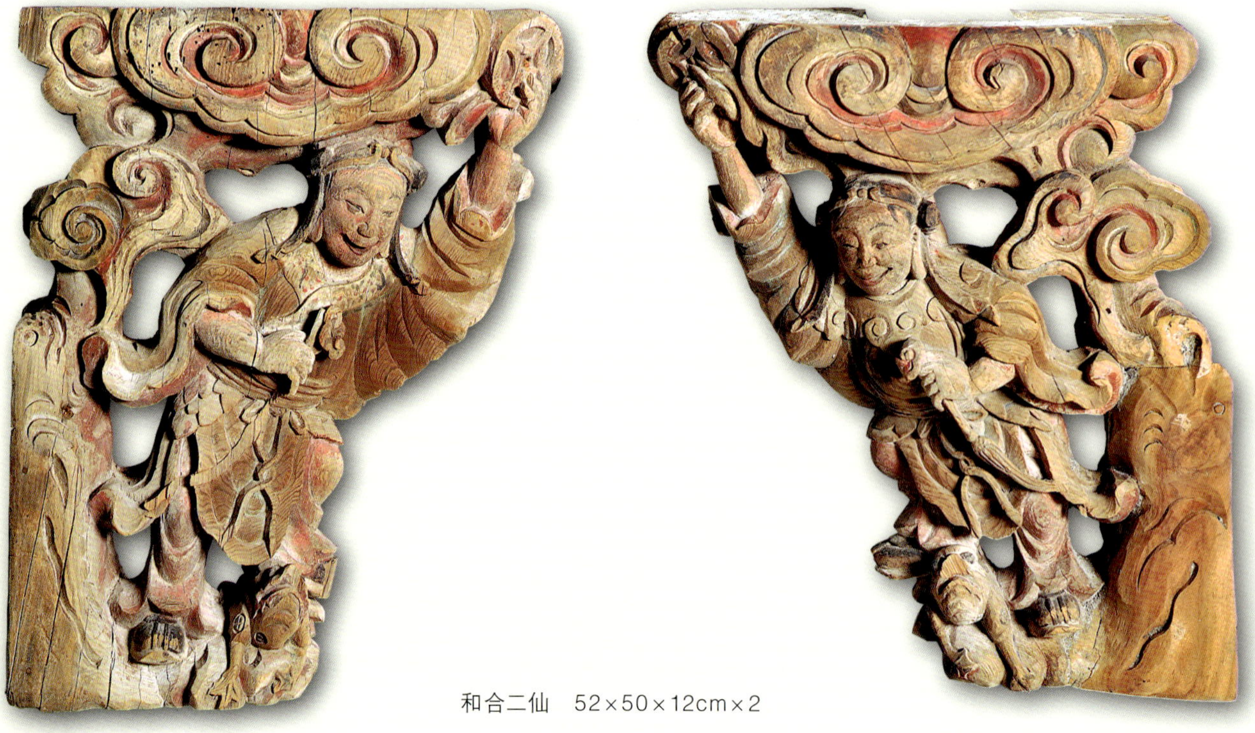

和合二仙　52×50×12cm×2

和合二仙　55×50×13cm×2

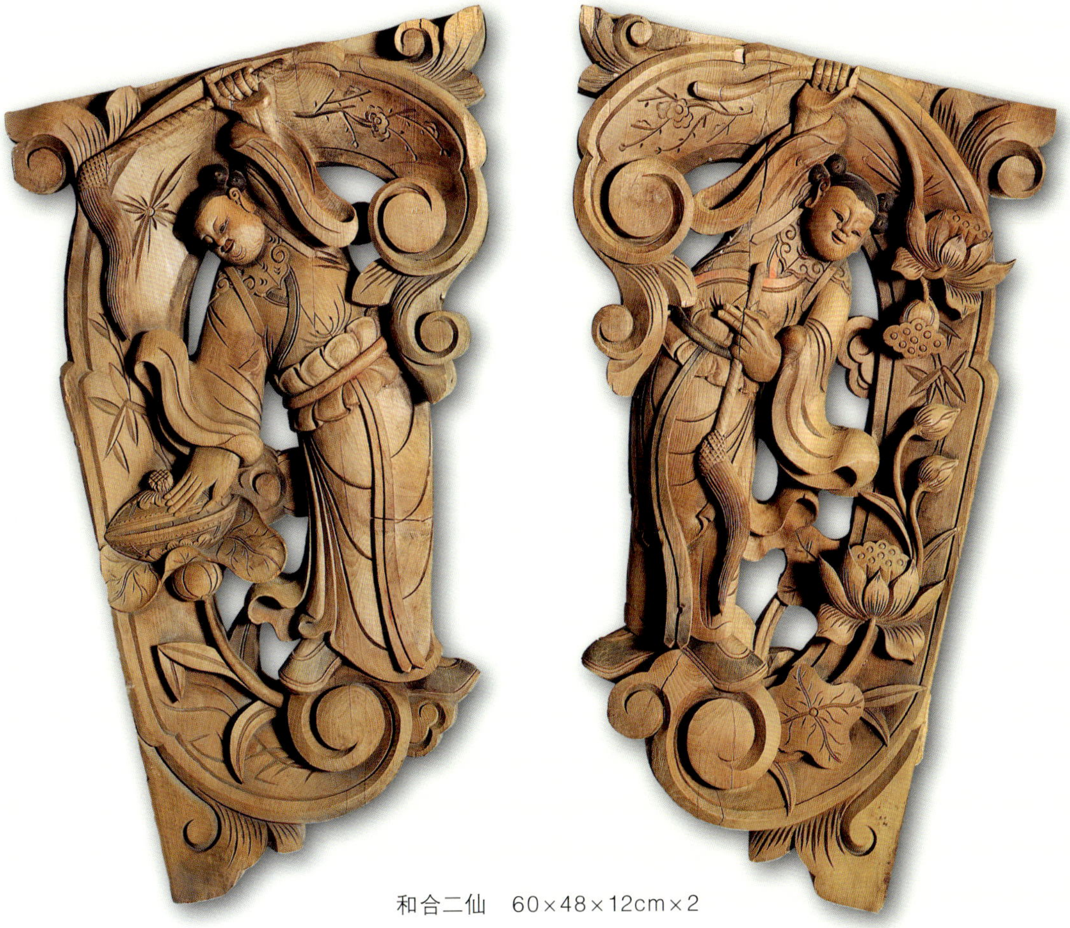

和合二仙　60×48×12cm×2

刘海戏金蟾

刘海戏金蟾的故事起码在宋朝就已经在民间流传，而且出现在戏曲中，这有北宋词人柳永的“贪看海蟾狂戏，不道九关齐闭”（《巫山一段云》）词句为证。这个故事至今还在湖南花鼓戏、黄梅戏、秦腔中演出。长期以来，它也一直是年画、雕刻的常见题材。

刘海，确有其人。但戏金蟾的故事却是附会在他身上，艺术创造出来的。

刘海原为五代时人，本名刘操，字昭远。十六岁时中进士做官，后来做了燕王刘守光的丞相。喜欢谈玄论道。一日有道士来访，问其姓名，默而不答，只要刘海拿出十个鸡蛋、十文金钱，以每一文钱间隔一个鸡蛋，将钱和鸡蛋层层垒叠，垒成一个塔状，却没有倒塌。刘海惊叹：“危险！”道士说：“你的身家性命比这更危险！”刘海又问：“怎能摆脱？”道士仍不答，只是拿起鸡蛋、金钱掷于地上，然后长笑而去。原来道士是以此向刘海示意：你身居高位，就像这垒起来的鸡蛋一样危险，要摆脱危险，就要像扔掉鸡蛋一样抛弃高官厚禄和荣华富贵。刘海很快悟出了这个道理，次日即解下相印，穿上道服，假装发狂而舞，离开燕国远游秦川去了。两年之后，燕王果真因僭称皇帝被剿灭，并被灭了九族。远行路上，刘海恰巧又遇到那位道士，道士教他服丹成仙的口诀，此时，刘海方知此人正是八仙之中的汉钟离。后来又遇到八仙之中的吕洞宾，授以秘法。刘海从此得道成为真仙，并追随两位师傅遁迹终南、太华之间，不知所终。刘海出家后，取道号“海蟾子”，世称刘海蟾。元朝时被封为“海蟾明悟弘道真君”。后来，民间把刘海蟾这个名字一分为二，附会、演绎成刘海戏金蟾的故事，于是刘海便成了能给人们带来钱财、子嗣的吉祥神。

刘海戏金蟾的故事有的说发生在山西济源，有的说发生在湖南常德，有的说发生在安徽黄山，也有的说发生在江苏苏州（说他是苏州大商人贝宏文家的佣人叫阿保），具体的故事情节也不完全一样。其中一种通俗而美好的说法是这样的：黄山脚下住着一户姓刘的农民，儿子叫刘海。刘海生性善良、厚道、勤劳、勇敢。穷人的孩子早当家，十几岁起，他就经常到桃花峰下砍柴、放牛。一天，他只顾聚精会神地砍柴，不知从桃花溪白龙潭跃出的一只三足金色蟾蜍正伏在碧绿的荷叶上深情地看着他。突然，蟾蜍尖叫，刘海回头一看，一条凶恶的大蟒正向蟾蜍扑来。刘海当即趋前，挥起柴刀将大蟒赶跑，蟾蜍得救之后，十分感激，便立即把一粒龙珠吐在荷叶上，给刘海留作纪念，然后跃入水中不见了。原来，这蟾蜍不是凡物，而是南海龙王的女儿巧姑的化身。巧姑生得俊美可人，自幼生长在水底龙宫。因耐不住寂寞，有时会来到桃花溪畔变作一只蟾蜍游玩赏景。这次遇险回到龙宫之后，巧姑日夜思念救他的刘海。一天，她又偷偷跑出龙宫，来到白龙潭边，变作蟾蜍伏在荷叶上，等待刘海出现。也巧，那天刘海也来到这里，一边伐木，一边放牛。当他来到潭边喝水时，忽然发现身边有一串金钱。他环顾四周不见人影，喊了几声也无人答应，便放下金钱准备回家。哪知金钱竟叮叮当当地响了起来。原来这一串钱是蟾蜍暗暗放在他身边的，并把穿钱的丝线另一头紧紧地攥在自己手里。刘海要走，她就拉动丝线，钱便叮叮作响，不让刘海走开。正当刘海和金蟾为金钱拉来拉去的时候，前几天的那条大蟒突然窜出要报复刘海。金蟾当即巧妙地把大蟒引开，说时迟，那时快，刘海立即拿出砍柴刀将大蟒砍作两段。此时，金蟾突然现身，竟然是一位美丽的姑娘。说明原委之后，两人互道感激，互倾爱意。不久，便结为夫妻，白头偕老，永未分离。

这个动人的故事被艺术化之后，表现在绘画、雕刻上，多是刘海双手舞动一串金钱和金蟾玩耍的情景，刘海是一副欢天喜地的胖小子模样，袒胸露乳，蓬头赤足，有的还头上留着“刘海”，十分可爱。（须知现在女孩子前额留的碎发称为“刘海”，就是根据刘海的发型得来的。）表达的意思则是发财、富贵、和谐、吉祥。民间有言：“刘海戏金蟾，步步钓金钱。”

刘海戏金蟾　65×50×13cm

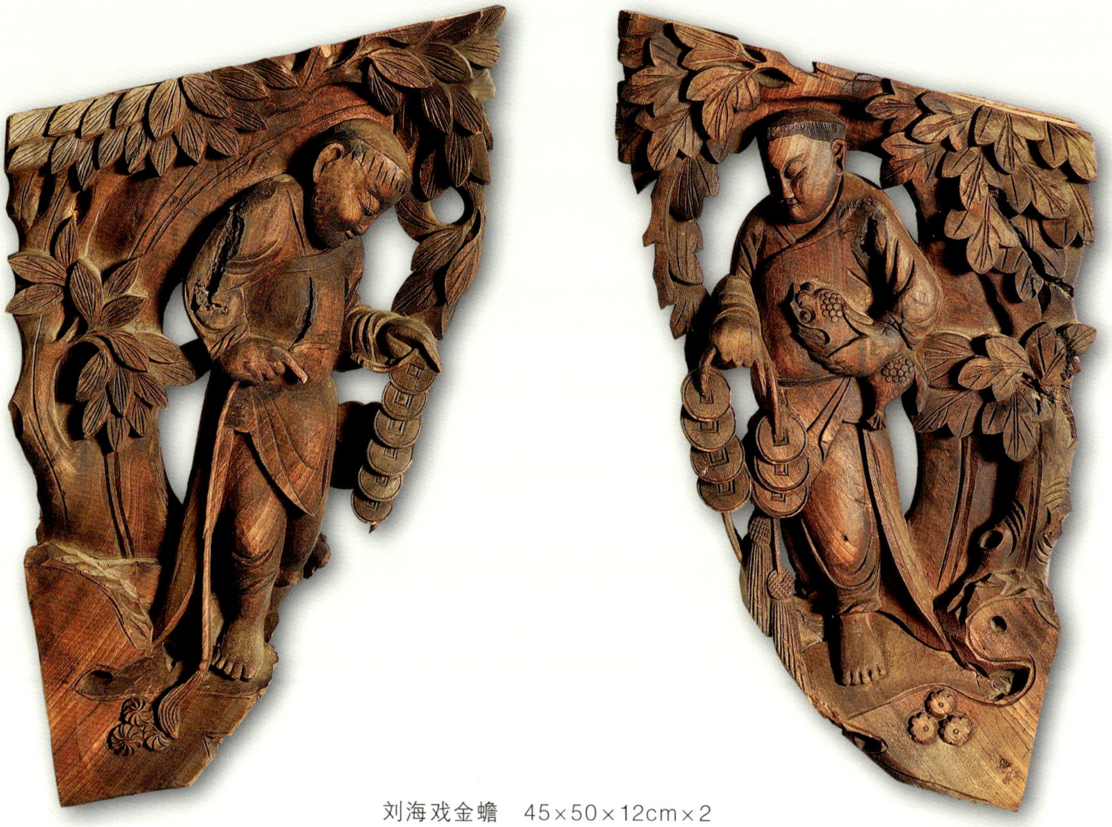

刘海戏金蟾　45×50×12cm×2

刘海戏金蟾　61×36×10cm×2

刘海戏金蟾　70×28×20cm×2

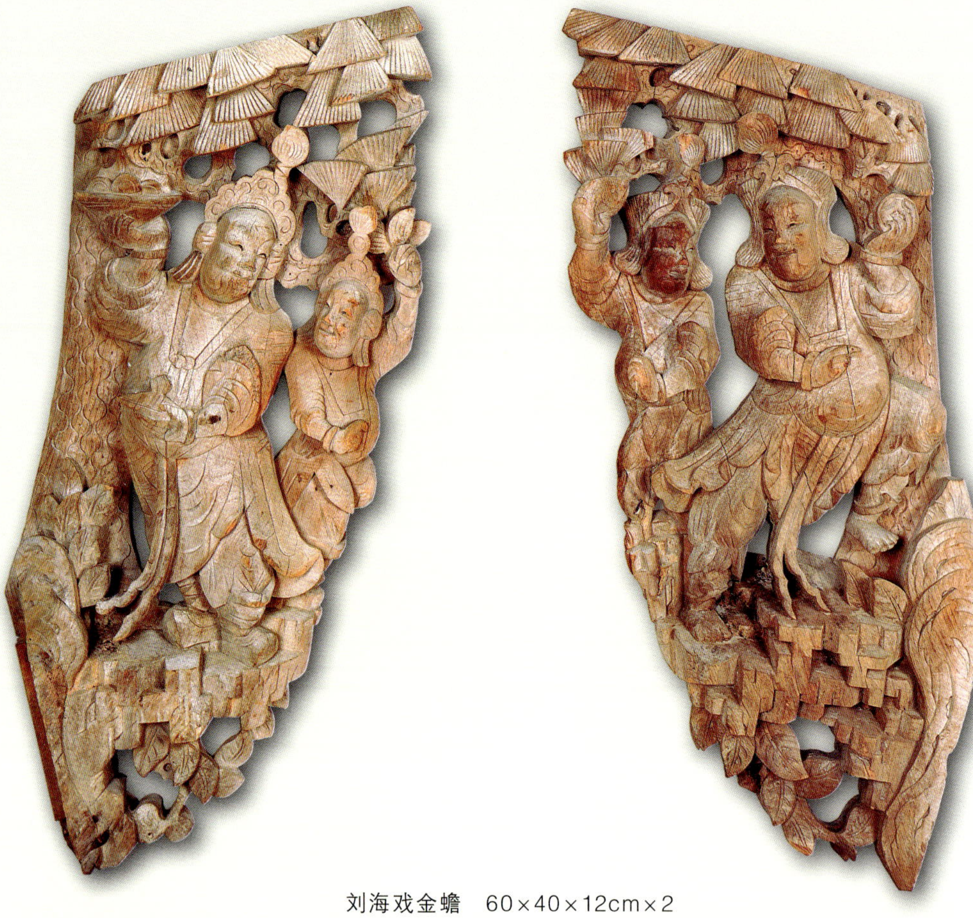

刘海戏金蟾　60×40×12cm×2

刘海戏金蟾　65×50×15cm×2

刘海戏金蟾　75×30×13cm×2

刘海戏金蟾　45×42×9cm×2

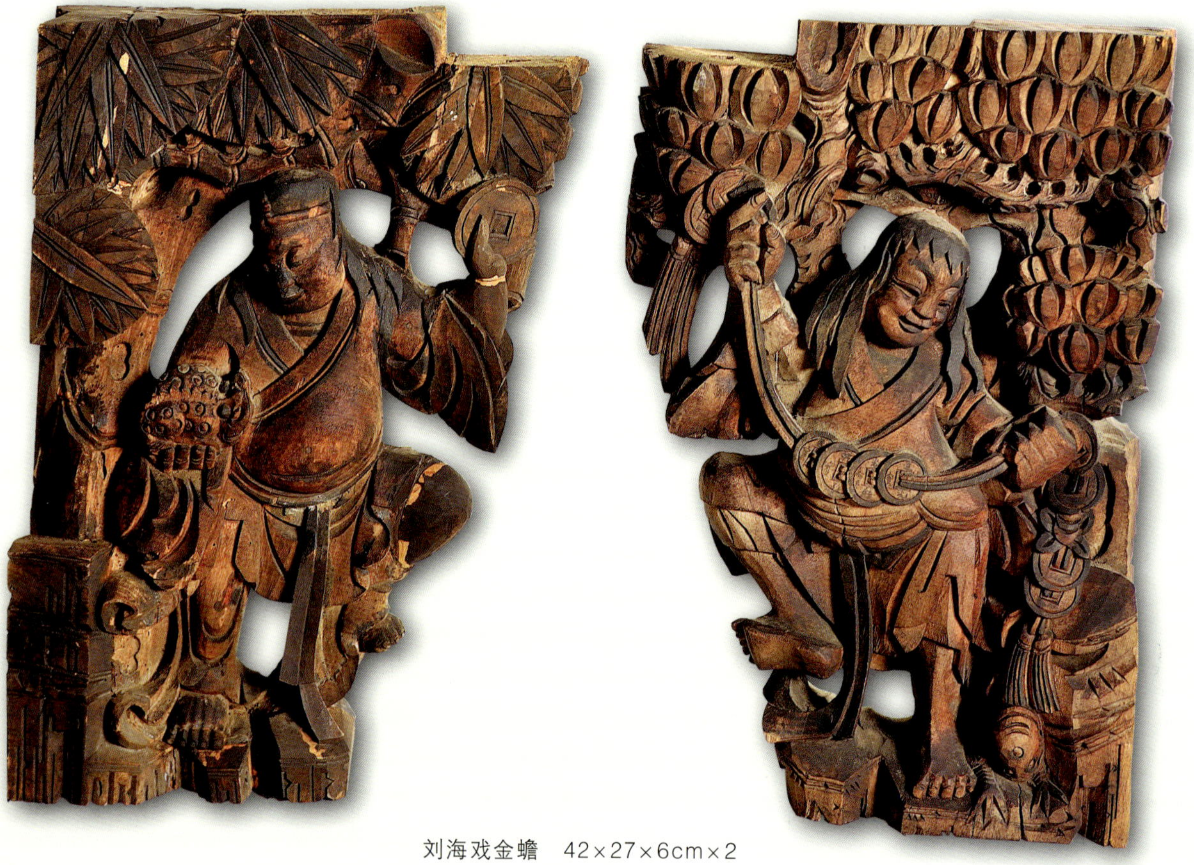

刘海戏金蟾　42×27×6cm×2

刘海戏金蟾　76×34×8cm×2

刘海戏金蟾　60×40×9cm×2

刘海戏金蟾　50×35×9cm×2

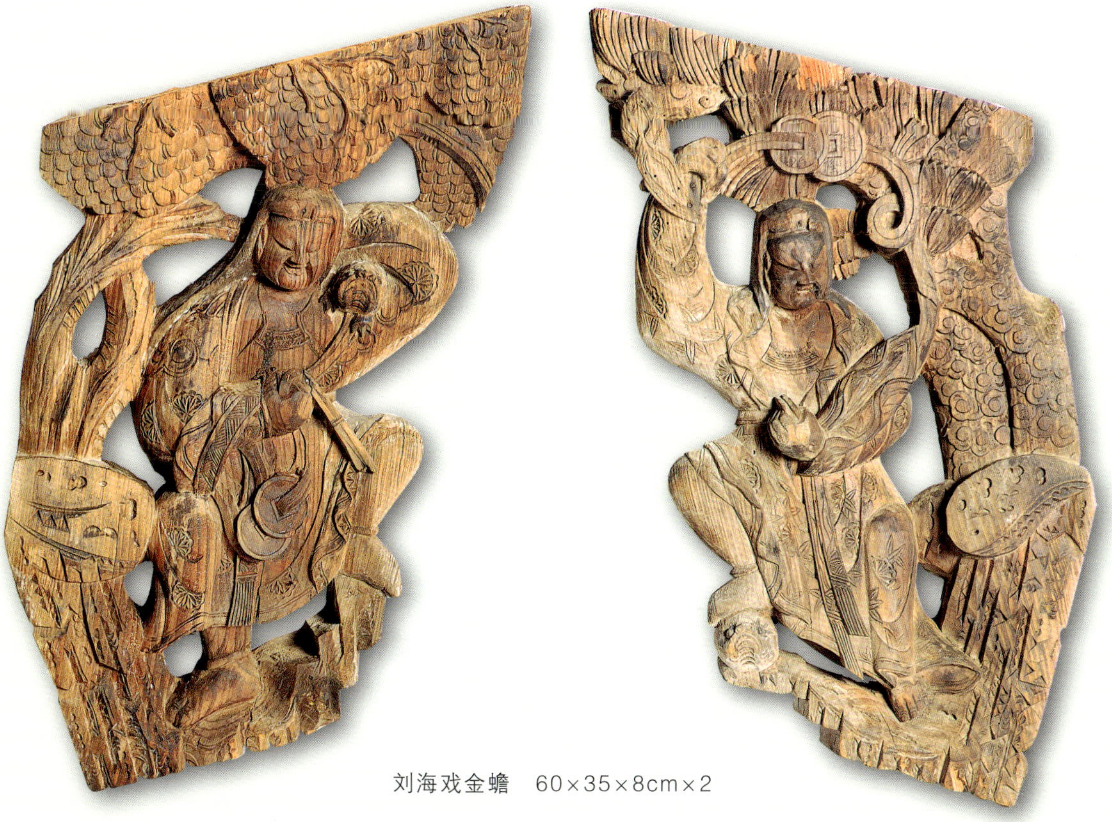

刘海戏金蟾　60×35×8cm×2

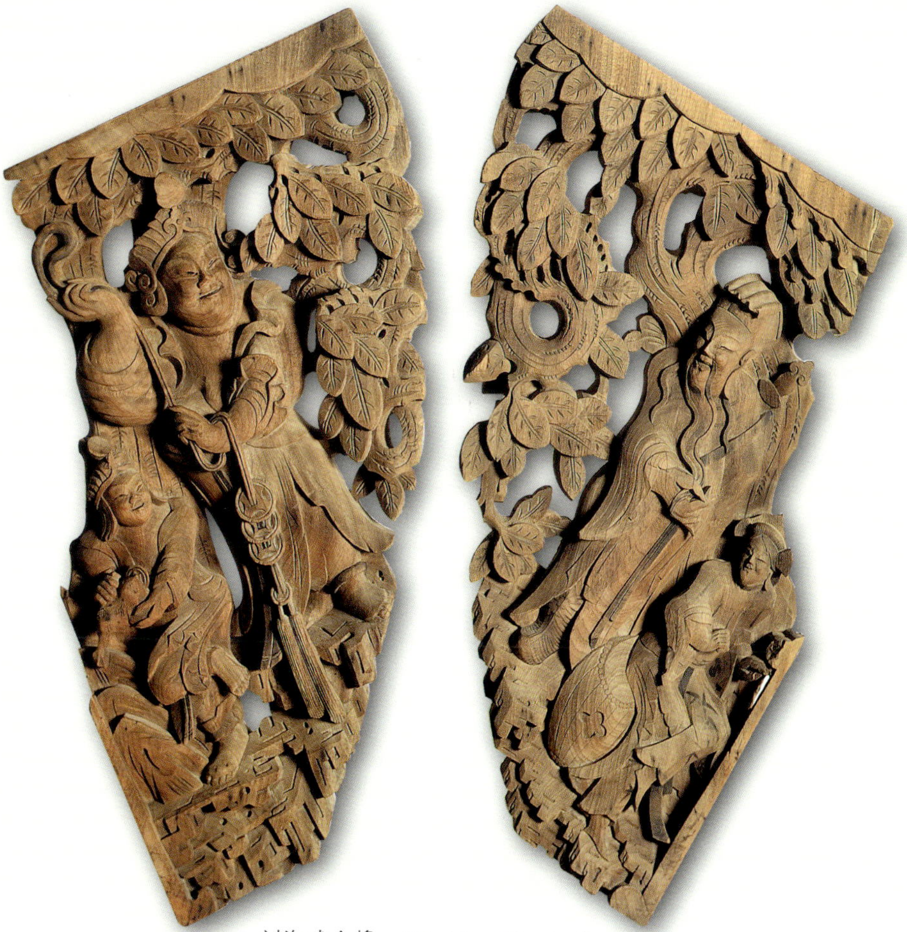

刘海戏金蟾　65×35×10cm×2

刘海戏金蟾　65×35×10cm×2

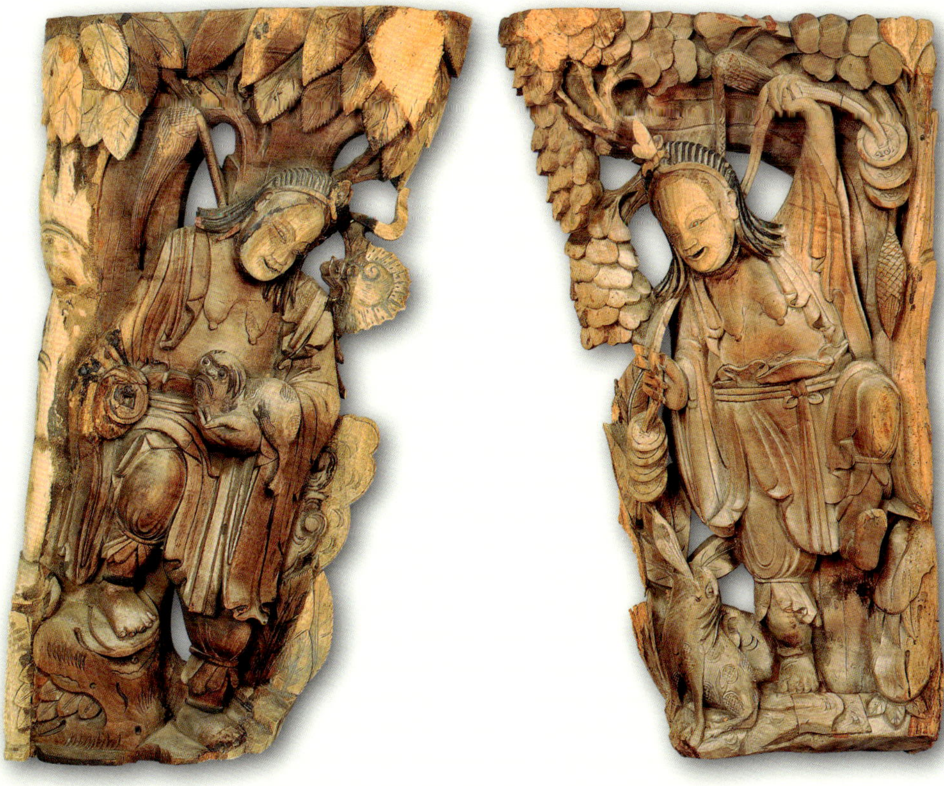

刘海戏金蟾　66×41×10cm×2

刘海戏金蟾　55×45×10cm×2

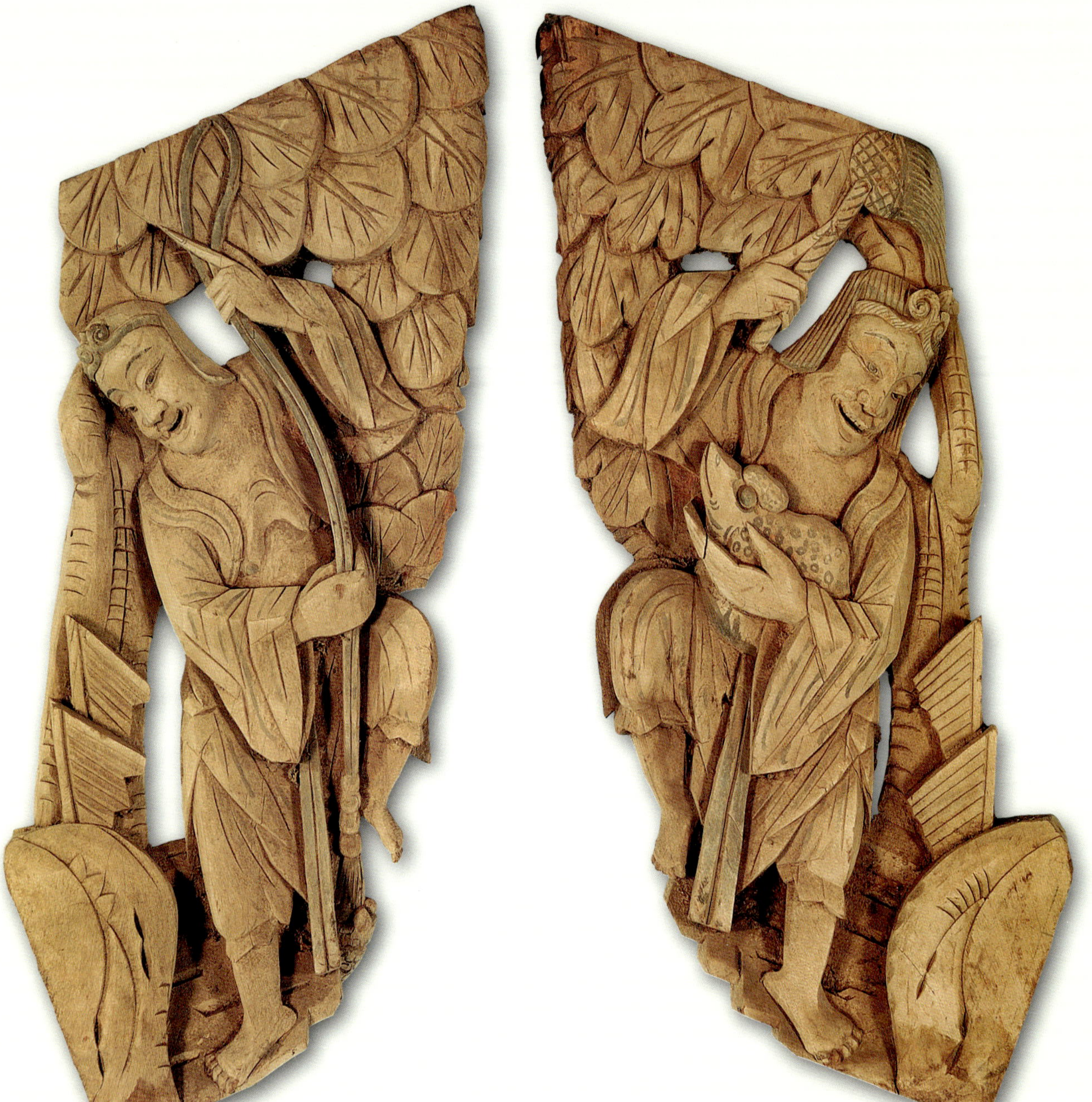

刘海戏金蟾　62×31×8cm×2

刘海戏金蟾　61×36×10cm×2

左：和合　右：刘海　80×37×10cm×2

刘海戏金蟾　75×35×8cm×2

左：刘海戏金蟾　右：博古　65×35×10cm×2

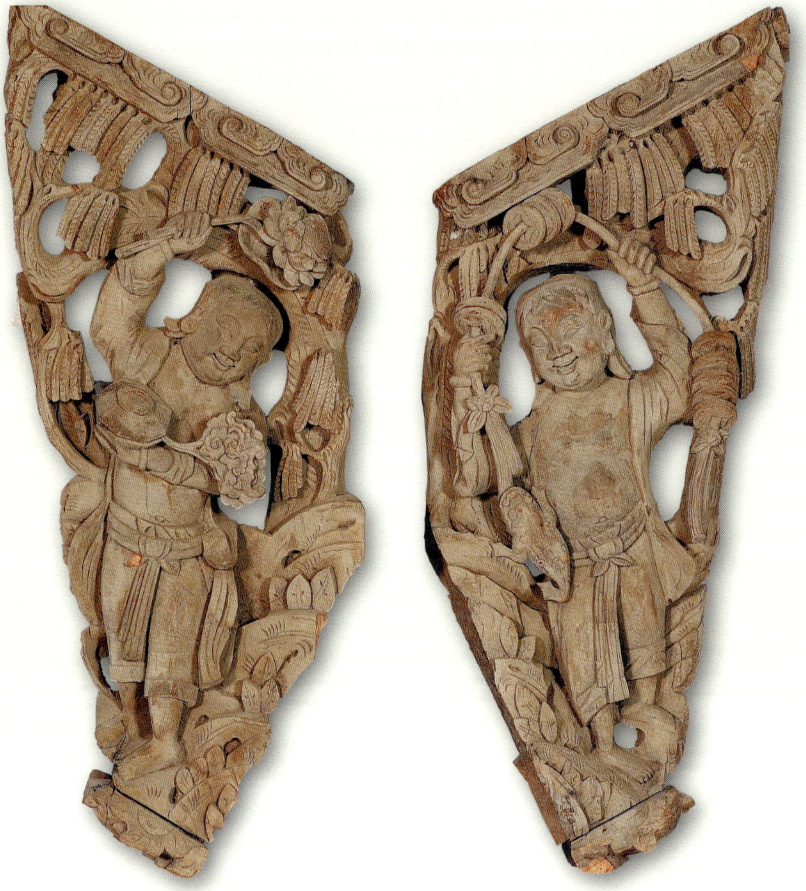

左：和合　右：刘海　70×35×10cm×2

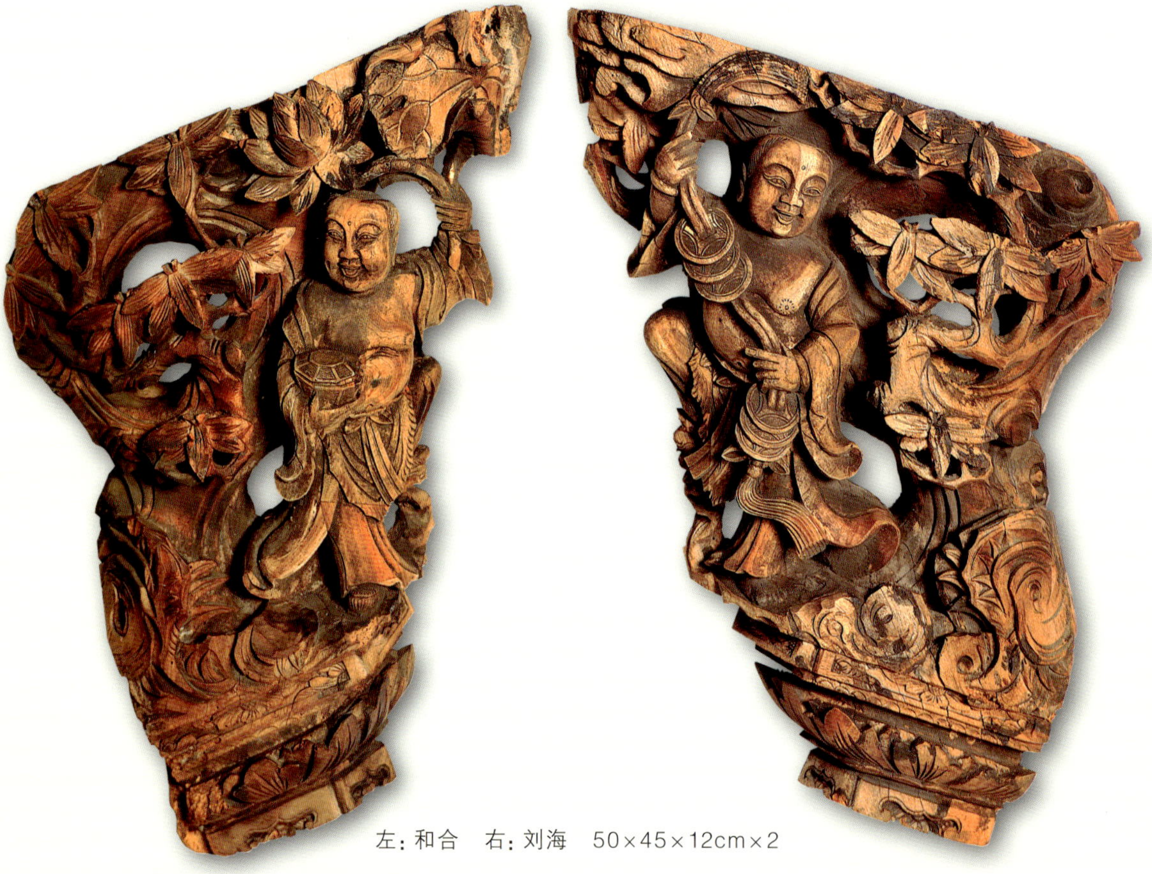

左：和合　右：刘海　50×45×12cm×2

左：和合　右：刘海　60×35×10cm×2

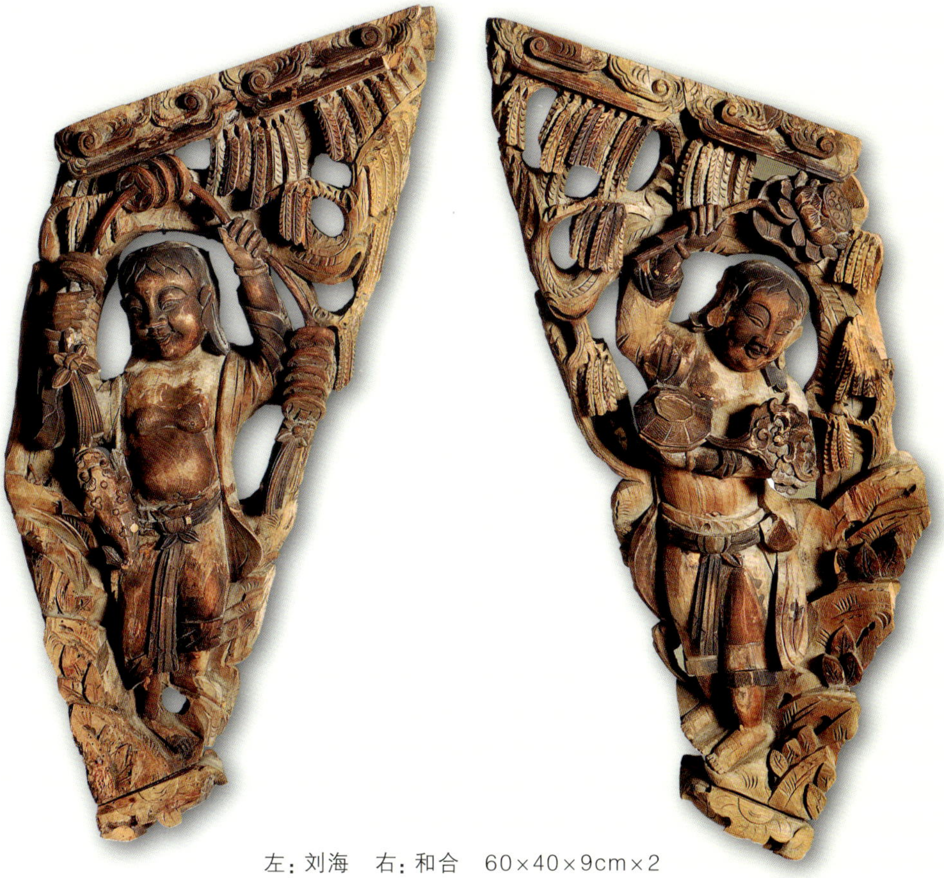

左：刘海　右：和合　60×40×9cm×2

八　仙

在中国历史上，所谓“八仙”的内容并不止一个，有汉朝“淮南八仙”，是指帮助淮南王刘安著《淮南子》的八位文人；有唐朝的“酒中八仙”，即杜甫《饮中八仙歌》中的李白、贺知章等八个文人学士；有五代时的“蜀中八仙”，是指道士作画的李耳、董仲舒等八个人；等等。而木雕中常刻的“八仙”则是指道教的八仙，这八个人是铁拐李、汉钟离、蓝采和、张果老、何仙姑、吕洞宾、韩湘子、曹国舅。他们是道教中八位神通广大的仙人，深受平民百姓的喜爱和尊敬。长期以来，人们不断地演绎加工，使八仙的故事越来越丰富，越来越生动。这些故事不仅成了人们茶余饭后的谈资，也成了木雕艺术乐于表现的题材。如“八仙过海”、“八仙上寿”的故事更是长期在民间流传。

这八位仙人，本来都是凡人，历史上实有其人，但并不生活在同一个时代。当他们被神化之后，人们便把他们凑合一起成了仙界的群体。八仙的名称自唐宋以来就有记载，元杂剧中也有他们的形象。但当时“八仙”是指哪八个人并未固定。直到明朝学者吴元泰的《八仙出处东游记》才固定为上述八人，并排定了他们的先后顺序。

铁拐李

铁拐李是八仙之首，鲁迅《中国小说史略》说他姓李名玄，唐朝人。他本来身体魁梧，年轻时即在砀山山中修道，是一位道行高超的仙人。一天，他要到华山赴李老君的仙会。临行时对徒弟说：“我把躯壳留在这里，你好好守着，如果七天后我的魂魄不回来，你就把我这躯壳烧掉。”说完就把铁杖往空中一扔变成一条龙，乘龙而去。到了第六天，徒弟因母亲生病，急于回家，就把师傅的躯壳烧了。第七天，铁拐李的魂魄回来了，却找不到自己的躯壳，游魂无依，只得找一个刚下葬的尸体，让自己的魂魄附了上去，这才恢复了人形。不料这个尸体黑脸蓬头，卷须巨眼，形象丑陋，而且还是个跛足。从此铁拐李也就面相丑怪，并且成了瘸子。但铁拐李在民间影响很大，他性直风趣，乐善好施，解人危难，受到人们的喜爱和尊敬。铁拐李还常背一只葫芦，里面装有仙药，专门用来救治病人。

汉钟离

八仙中，汉钟离的名气仅次于铁拐李，地位很高，全真道将其奉为道派祖师。他复姓钟离，名权，号正阳子。汉朝时咸阳人，因此人们称他汉钟离。传说他一出生就像三岁的孩子一样大，天生一副福相，七天后开始说话，父母以为神仙转世。长大后他做了朝廷的谏议大夫，带兵出征吐蕃，战败，隐居终南山中。遇到东华帝君，得到长生真诀、青龙剑法；又遇华阳真人，学了更深的道法。结果成了仙人。他的形象常是袒胸露乳，手摇棕扇，大眼睛，红脸膛，头上扎两个丫髻，神态自若，是个闲散的汉子。

张果老

张果老本名张果，是八仙中一位年迈的仙翁，自称数百岁，因此人们尊称他为张果老。他是唐朝人，新、旧《唐书》有传。他隐居中条山中，有长生秘术。武则天召见，他佯死不赴；唐玄宗欲把公主嫁给他，他也婉辞不肯。最后死于衡山，羽化成仙。民间传说他常背一个渔鼓，倒骑白驴，云游四方，宣唱道情，劝化度人。后来民间传说的“张果老倒骑驴——往后瞧”“骑驴看唱本——走着瞧”就源于此。他所骑的白驴，日行万里，夜间折叠成纸放在箱子里，骑的时候，嘴中含水喷洒一下，驴即复活。后人题诗道：“举世多少人，无如这老汉。不是倒骑驴，万事回头看。”

何仙姑

何仙姑是八仙中唯一的女性。有的说她是唐朝人，有的说她是宋朝人。《太平广记》等书中有记。她出生时紫云绕室，头顶上有六道毫光。从小智慧敏捷，聪敏过人。十三岁时，在山中遇一道士，吃了道士一只仙桃，从此不饥不渴，并可预见人生祸福。十五岁时，梦见神人教她食云母粉，从此身轻如燕，步履如飞，每天往来于高山峻岭之间，采集山果，孝敬父母。父母怪她来去无踪，为她订了亲，希望她早日生活安定。可是成亲那天，她却留下一张字条，投奔罗浮山修道去了。从此不食人间烟火，言行也高深莫测，成了名副其实的仙人。何仙姑是最后一个编定在八仙之中的女仙，之前，徐神翁在八仙之列，再后，则由何仙姑取代。这显示了我国民间造神的慎重。

蓝采和

蓝采和是个玩世不恭、似狂非狂的行乞道仙，传为赤脚大仙所生，唐末五代时人，南唐沈汾《续仙传》等书有他事迹的记载。他行为怪癖，平时穿一身破旧蓝衫，腰系木腰带，一脚穿靴，一脚赤足；夏天穿棉衣，冬天卧在雪中而全身冒热气。有时也女装打扮，手提花篮。经常手持三尺大拍板，踏歌而行，沿街行乞，歌词随口编成，多有讽时讥世意蕴。世人施钱给他，他就把铜钱穿起来，拖地而行，见到穷人，则转送他们。他童颜常驻，始终一幅娃娃脸。有一次，他在酒楼乘醉踏歌，忽听云鹤笙箫之音，他即乘势升空，冉冉而去，从此成为八仙之一。他最有名的踏歌是："踏歌蓝采和，世界能几何？红颜一春树，流年一掷梭。古人混混去不返，今日纷纷来更多。朝骑青鸾到碧落，暮见桑田生白波。长景明晖在空际，金银宫阙高嵯峨。"

吕洞宾

吕洞宾，又名吕岩，号纯阳子，唐末西安人，一说九江人或永乐县人。《全唐诗》、《词综》都收有他的作品。他自幼聪明，每天能背诵万言，出口成章。其外形怪异，虎体龙腮，凤眼朝天，天庭饱满，双眉入鬓，鼻梁高挺，左眉角有一颗黑痣，常戴一顶华阳巾，腰系长带，可谓仙风道骨。他二十年科场不第，遂罢举而纵游天下，也有的说他曾做过两任县令。六十四岁那年，在长安酒楼遇到汉钟离，被点化成道。吕洞宾在道教中的地位极高，全真道奉他为"纯阳祖师"，世人尊称"吕祖"。他的名气远在其他七位仙人之上，是八仙中流传故事最多的一位。和其他八仙相比，他的人情味最浓，潇洒、风趣，为民除暴安良，斩妖除怪，还好酒好色，世间曾流传《吕洞宾三戏白牡丹》的故事。可以说吕洞宾是集道仙、剑仙、酒仙、色仙于一身的风流道长。

韩湘子

韩湘子是八仙中的斯文公子，形象是一位手持长笛的英俊少年。他是唐朝著名文学家韩愈的侄孙。韩愈有《左迁蓝关示侄孙湘》一诗："一封朝奏九重天，夕贬潮阳路八千。欲为圣明除弊事，肯将衰朽惜残年！云横秦岭家何在，雪拥蓝关马不前。知汝远来应有意，好收吾骨瘴江边。"此人性狂放，善饮酒，喜吹笛，不喜读书，韩愈曾责怪他，他因此出家，隐居终南山修道，又得汉钟离、吕洞宾点化，得成正果，成为八仙之一。

曹国舅

曹国舅在八仙中出现的时间最晚，流传的仙话也少。他是宋仁宗曹皇后的长弟，因此被称为"国舅"。他原名曹佾，字公伯，《宋史》有传。此人性情和易，志在清虚，不慕虚荣，不喜富贵，还通晓音律，曾被封为济阳郡王。其弟却骄纵不法，恃势妄为，他深以为耻，乃入山修道。山中巧遇汉钟离、吕洞宾，收他为徒，传授给他还真秘术，指引他加入了仙人的团队。曹国舅的形象是头戴乌纱，身穿红袍官服，手持阴阳板（玉版），与其他人的打扮迥然不同。

暗八仙

八仙每人都有一至两件宝物或法器，一般称为暗八仙。暗八仙也常出现于木雕艺术中，均代表吉祥之意。较为通俗的暗八仙为：铁拐李的葫芦，汉钟离的芭蕉扇，张果老的渔鼓，何仙姑的荷花，蓝采和的花篮，吕洞宾的宝剑，韩湘子的笛子，曹国舅的玉版。

张果老　50×50×12 cm

左：汉钟离、铁拐李　右：何仙姑、曹国舅　55×40×12cm×2

左：曹国舅、张果老　右：韩湘子、蓝采和　53×41×11cm×2

左：铁拐李、何仙姑　右：韩湘子、汉钟离　58×40×9cm×2

左：汉钟离、蓝采和　右：张果老、吕洞宾　50×45×10cm×2

左：铁拐李、曹国舅　右：吕洞宾、韩湘子　52×50×10cm×2

左：曹国舅、汉钟离　右：吕洞宾、韩湘子　53×45×12cm×2

吕洞宾、汉钟离　55×45×10cm

左：吕洞宾、汉钟离　右：蓝采和、曹国舅　70×37×8cm×2

左：韩湘子、张果老　右：蓝采和、曹国舅　55×45×10cm×2

铁拐李、蓝采和　55×40×10cm

汉钟离、蓝采和、韩湘子、曹国舅　63×41×8cm×2

韩湘子、吕洞宾、蓝采和、曹国舅　60×40×9cm×2

左：蓝采和、曹国舅　右：韩湘子、何仙姑　35×35×8cm×2

左：汉钟离、韩湘子　右：曹国舅、蓝采和　55×45×10cm×2

图版（四）：耕读人家

“耕读人家”是中国农耕社会人们理想的小康生活。在这样的家庭里，夫妻和顺、孝悌有序、发财致富、瓜瓞绵绵。及子女成长，习文习武，高中状元，荣宗耀祖，官登显位，出将入相，成为国家栋梁，乃成钟鸣鼎食人家。及至致仕回乡，福寿双全，安度晚年。这样的家庭发迹历程和个人飞黄腾达历程，是古代人们的理想追求。本书这一章节，把有关这方面内容的牛腿，汇集、串联在一起，构成一幅显赫的人生轨迹图。家，是人的老根，离家公干，叶落归根，是人的必然归宿。故本章节以“耕读人家”命名。

渔樵耕读

渔樵耕读是指渔夫、樵夫、农夫和书生，这是农耕社会四种常见的生活方式，也是很多官宦用来表示退隐之后生活的一种象征。历史上这四种生活方式的代表人物是：“渔”是严子陵，他是汉光武帝刘秀的同学，刘秀请他做官，他不做，隐居浙江桐庐垂钓终老。“樵”是汉朝的朱买臣，他自幼家贫，靠卖柴为生，却刻苦读书，后来做了大官。“耕”是远古时的贤君舜，他在历山下教民众耕种。“读”是战国时的纵横家苏秦，他发奋读书每至深夜，打瞌睡时就用锥子刺自己的大腿来提精神。这几个人都是名垂青史的人物。木雕中常见“渔樵耕读”的内容，显然寓有吉祥、安顺、生活美好、成就功名的意思。

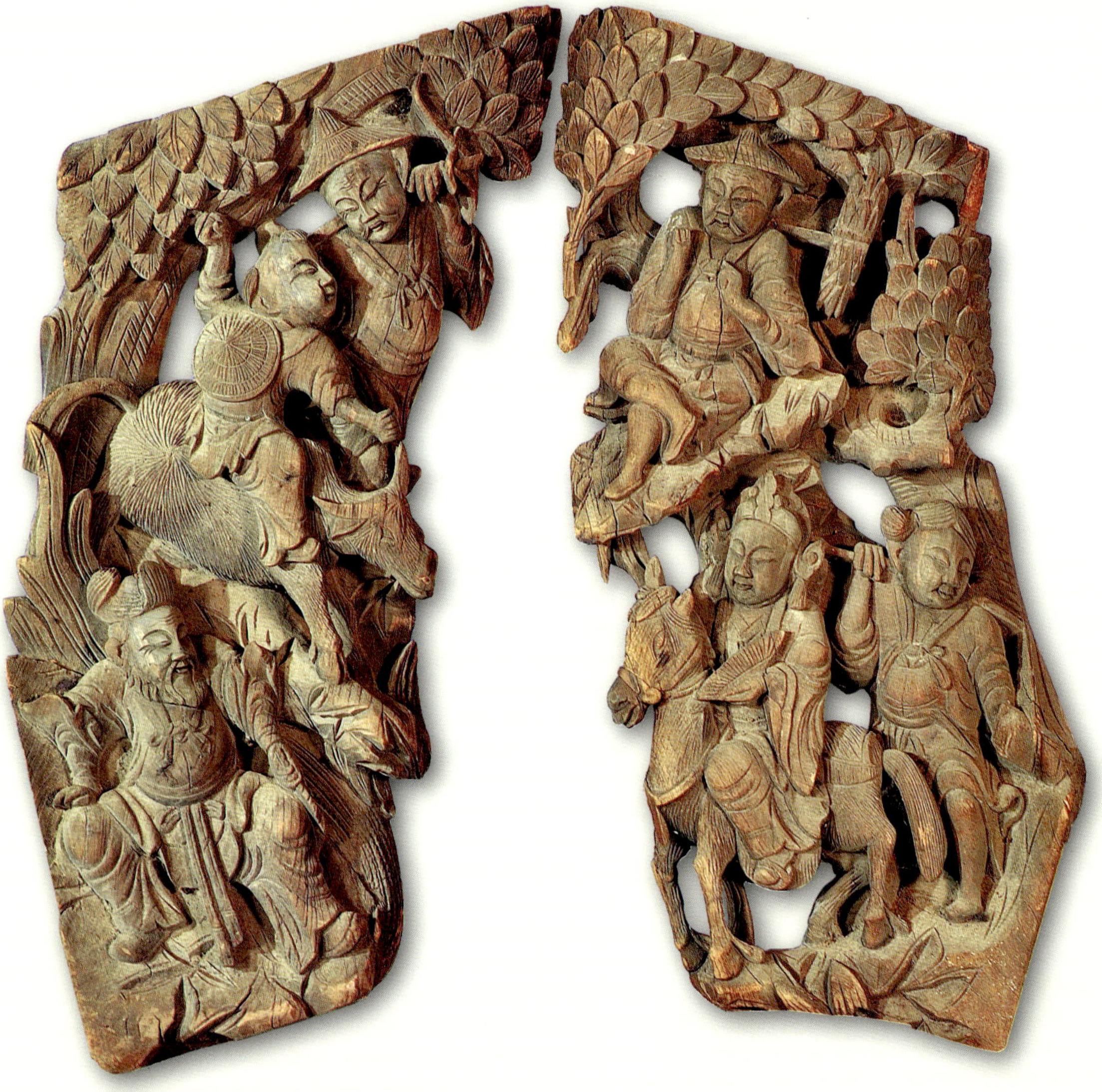

渔樵耕读　60×35×8cm×2

渔樵耕读　60×55×14cm×2

渔樵耕读　60×55×15cm×2

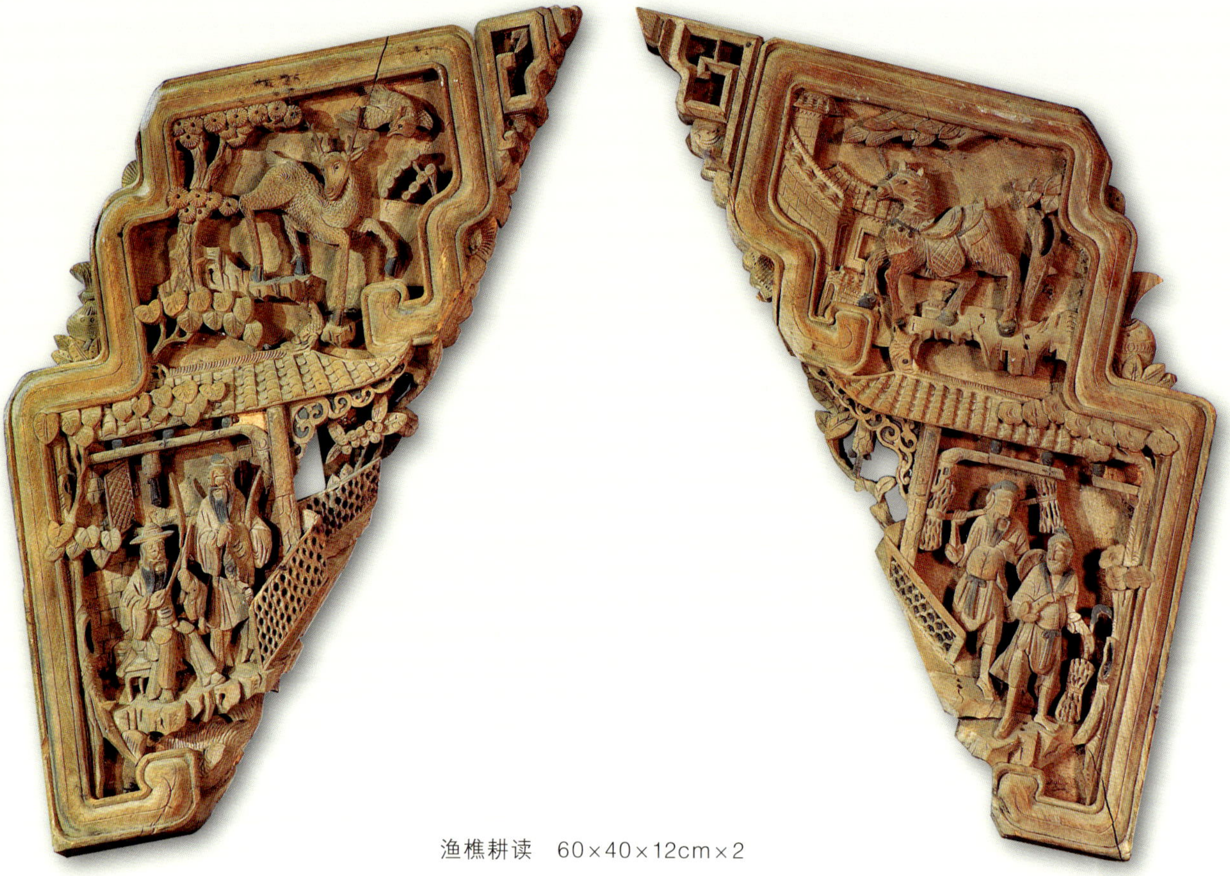

渔樵耕读　60×40×12cm×2

渔樵　56×38×9cm×2

耕读　74×41×5cm×2

渔樵　59×25×6cm×2

耕读　70×35×8cm×2

琴棋书画　67×30×10cm×2

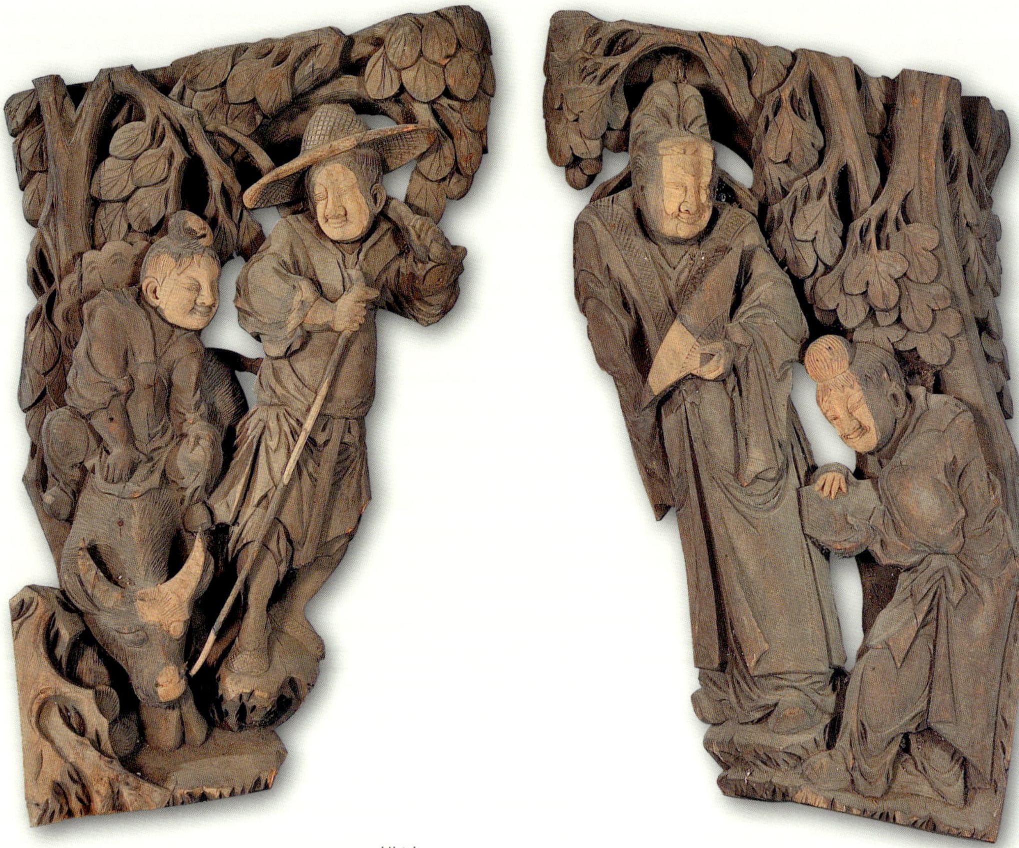

耕读　57×40×9cm×2

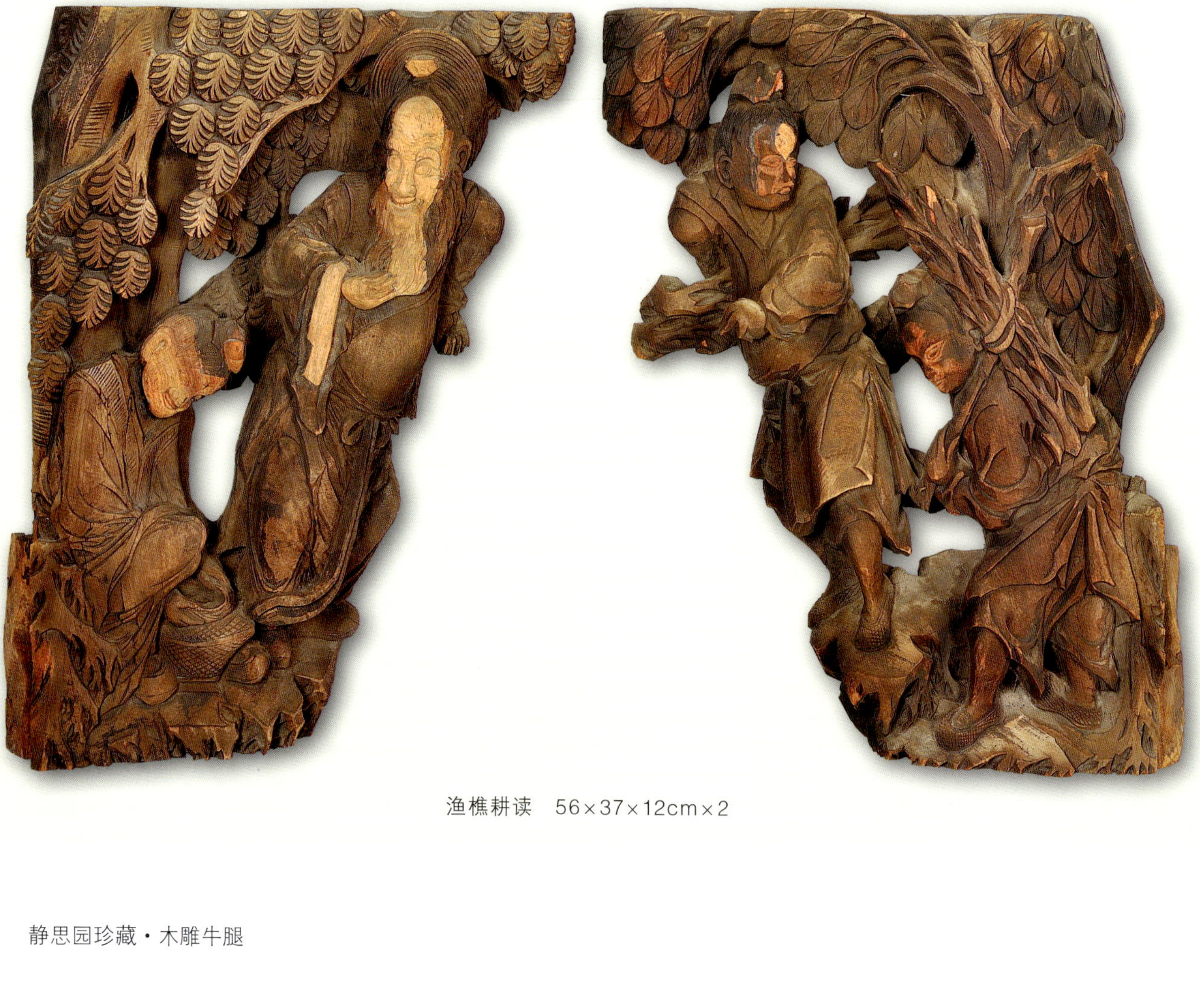

渔樵耕读　56×37×12cm×2

左：夫妻和顺　右：习武　60×40×12cm×2

招财进宝

这个词语的意思就是引进财宝，出典于元朝刘唐卿《降桑椹》第二折：“招财进宝臻佳瑞，合家无虑保安存。”这是一个很吉祥的词语，表达的是古往今来人们对发家致富和美好生活的向往追求，因此便演变成无数的民俗吉祥文化，形诸于各种绘画、雕刻。它也是牛腿的常见内容。

招财进宝　35×60×8cm×2

招财进宝　65×40×10cm×2

招财进宝　66×38×9cm×2

招财进宝　70×35×10cm×2

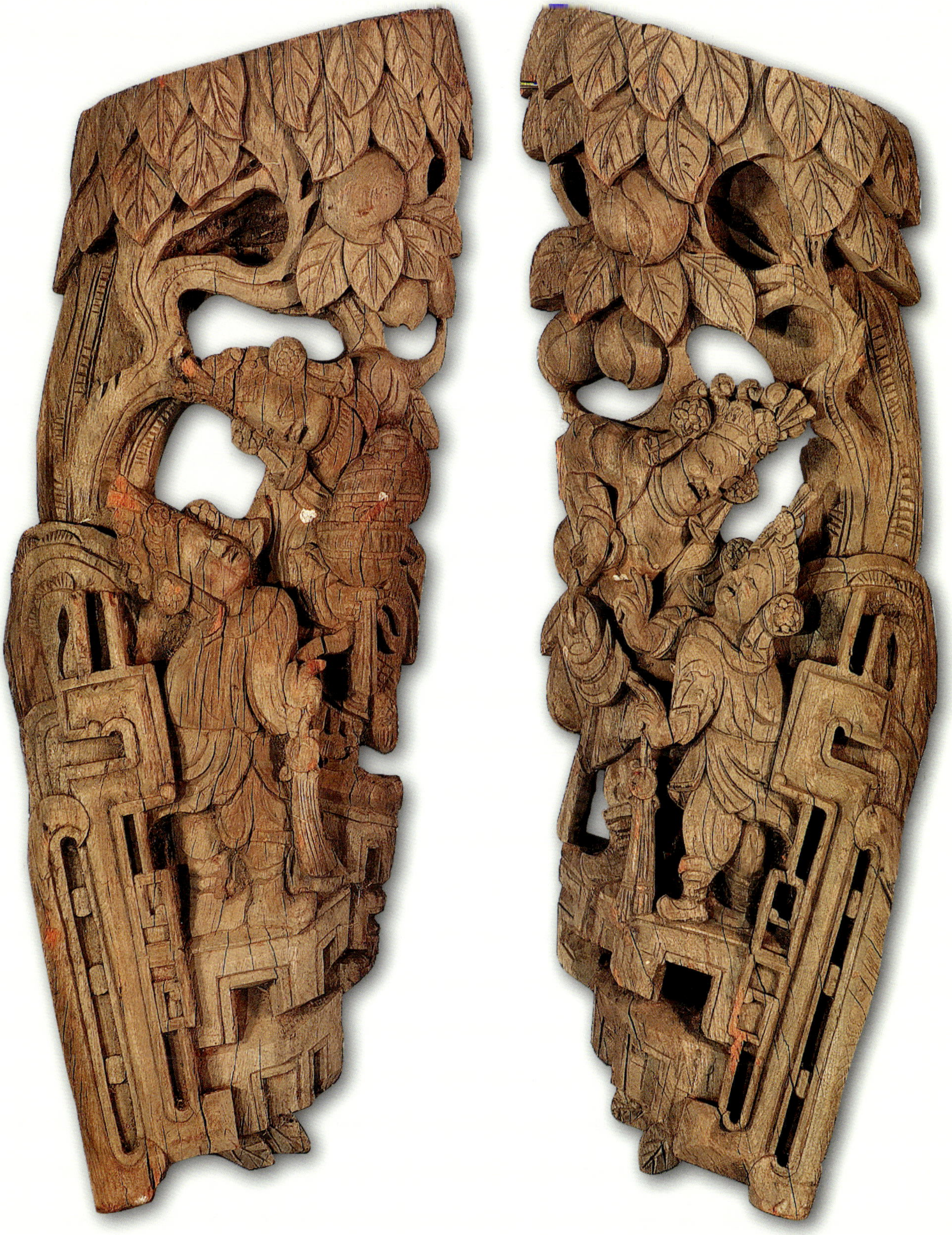

招财进宝　70×30×8cm×2

麒麟送子：天上麒麟儿，人间状元郎

麒麟是民间传说的仁兽，和龙、凤、龟一起被称为“四灵”。麒为雄，麟为雌，麇身，狼头，牛尾，有角。它是吉祥的象征，能给人带来子嗣。“麒麟送子”的故事源于孔子，据晋朝王嘉的《拾遗记》记载，孔子出生之前，有麒麟到他家的庭院吐玉书，接着孔子就出生了，这表明孔子是麒麟送来的。后来人们就相信麒麟能够给人们带来子嗣，而且带来的是孔子那样的男儿。人们也往往把男孩称做“麒麟儿”或“麟儿”，以此表示对这孩子的赞美或期望。在木雕或年画中也往往写有“天上麒麟儿，人间状元郎”的字样。 麒麟送子的木雕图案往往是童子手持莲花、骑在麒麟上；也有的是仙女抱一男孩骑在麒麟背上，这样的图案又称做“天仙送子”。

麒麟送子 55×45×9cm

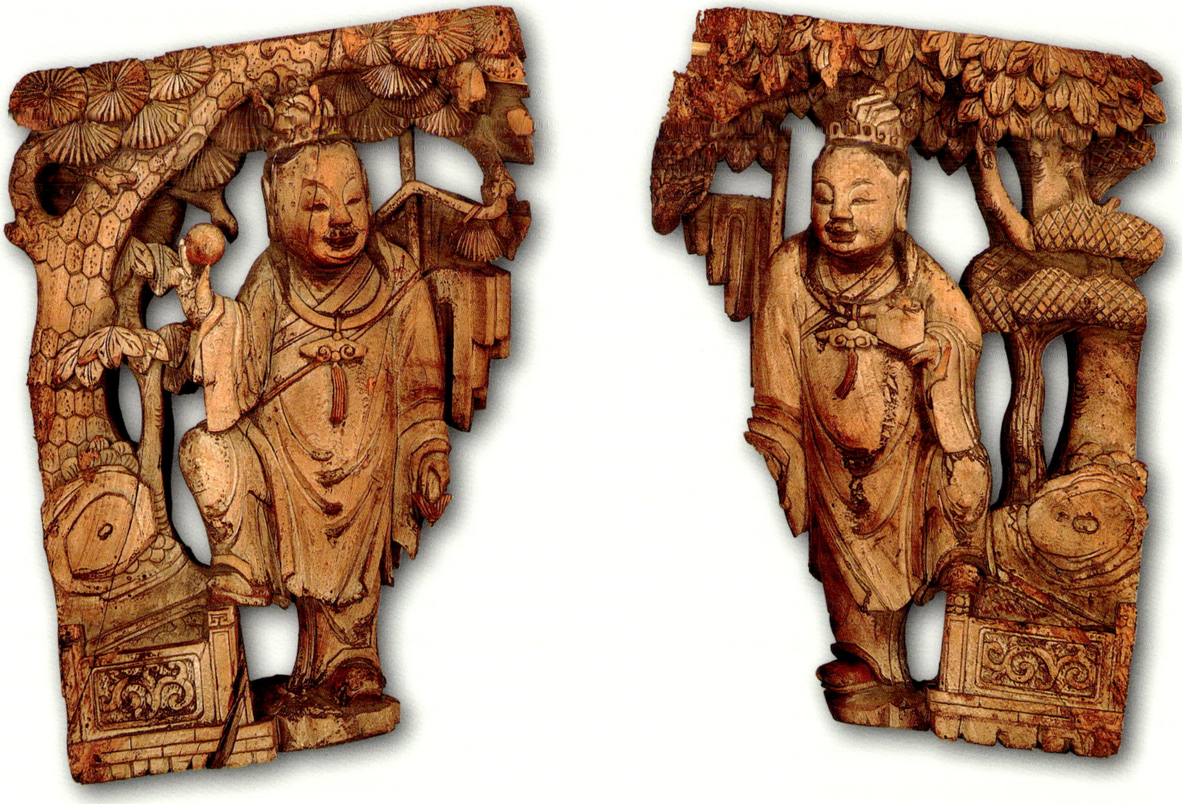

天上麒麟儿，人间状元郎　39×28×8cm×2

麒麟送子　40×30×9cm

望子成龙

龙是神异的动物，封建社会常用以比作帝王，也用来比喻高贵杰出的人物。“望子成龙”显然就是希望儿子能够在学业和事业上取得成功，成为出类拔萃的人物。有一则有趣的故事：一位员外，直到四十岁才得贵子，自然疼爱有加。岂料，这个新生儿还是个神童。他不到三四岁，就诗词文章、鲤对应答，样样全行。于是员外送他去赶考，因为人太小，跨不过考堂的门槛，父亲只得把他骑在自己肩上。考官问道：堂下负子入考者何人？只听童儿答道：负者不考，考者不负，望大人见谅。考官一惊，于是又有了下面一段对话：

考官：不孝儿骑父为马。

童儿：慈悲父望子成龙。

考官：鹦鹉能言难似凤。

童儿：蜘蛛虽巧不如蚕。

考官冷笑：小孩子满口乳臭。

童儿回敬：老大人一脸花椒。

考官：草萤有光终非火。

童儿：荷露虽圆岂是珠。

考官心喜：面前人为意中人。

童儿开心：水底月是清明月。

“意中人”，说明童儿被考官看中了；“清明月”则是童儿表示将来做官要做清明之官。结果，童儿考中了状元，真的成了龙。

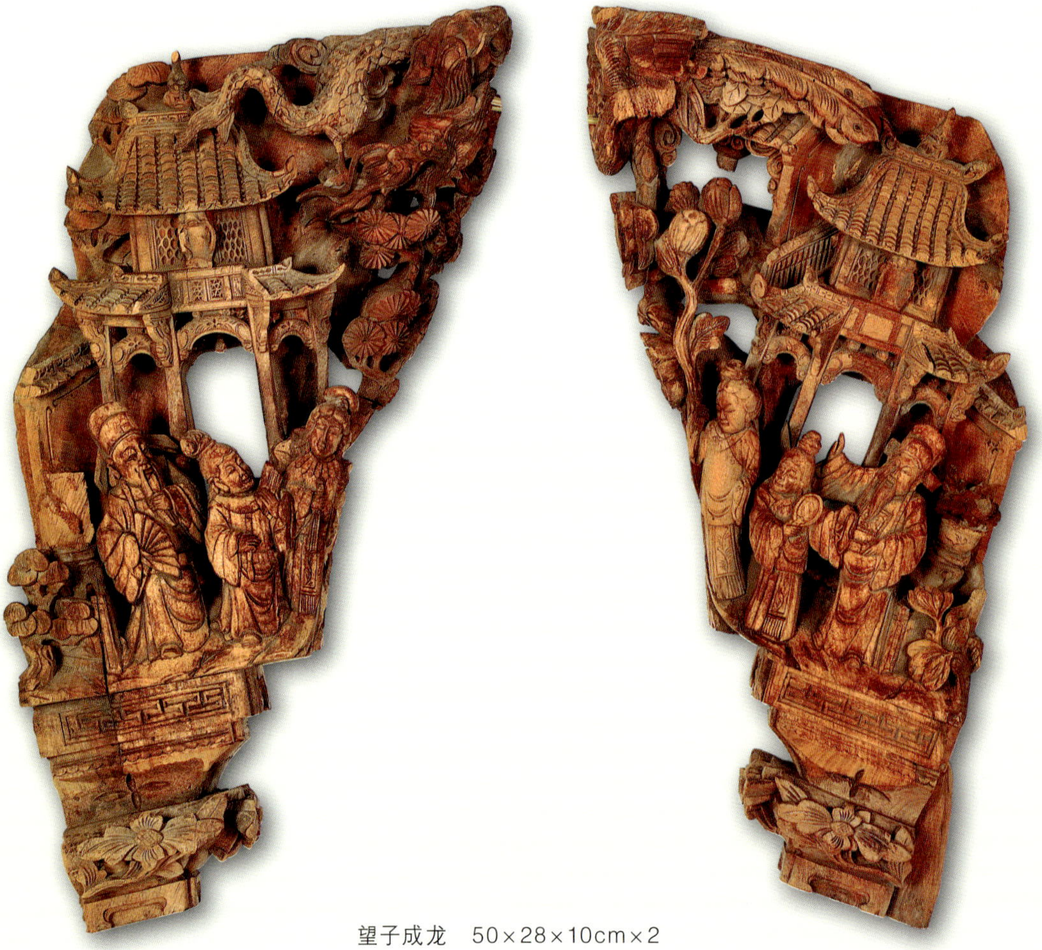

望子成龙　50×28×10cm×2

望子成龙　55×35×9cm×2

善财童子

善财童子是佛教菩萨名，他出生时有无数财宝滚滚而来，但他却看破红尘，天生不爱财，视金钱如粪土，认定万物皆空，发誓要修行成佛，于是他便去参拜比丘、长者、菩萨、婆罗门、仙人等五十三位名师，终于实现了成佛的愿望。世所谓“五十三参”者亦由此而来。他参拜的第二十七参便是观世音。观世音为了试探善财是否有诚意，故意化作船夫，掀起大浪，劝他回头，但善财毫不畏惧，终于取得了观音菩萨的信任，而且成了她的协侍，协助观音教化众生。我们经常可以看到在观音身旁站着一个童男，一个童女，左边的童男就是善财童子，右边的童女就是龙女。但民间对善财童子的来历不甚了然，便望文生训，以为他是善于理财、能招财的神，将其视为“招财童子”，不少妇女也虔诚祈祷，求其投胎而得贵子。看破红尘的善财成了招财进宝的工具，恐怕是他始料不及的。

善财童子　65×50×13cm×2

戏童图　65×50×15cm×2

善财龙女　55×50×12cm×2

和乐图　70×50×15cm×2

和乐图　47×34×9cm×2

习武　60×45×12cm×2

习武　55×45×12cm

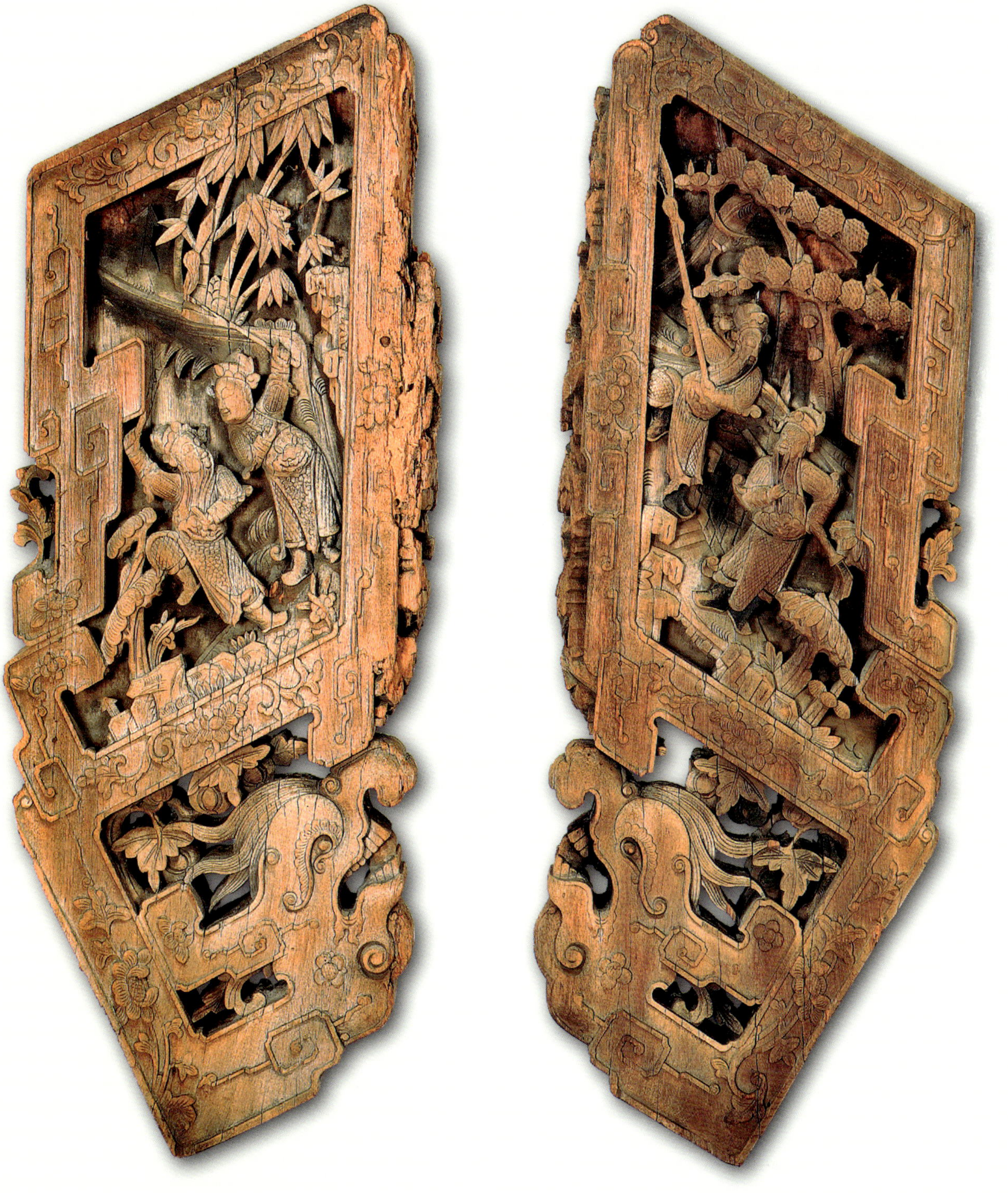

习武　70×30×9cm×2

左：文科殿试　右：武科殿试　70×35×10cm×2

状元及第

旧时科举考试以名列第一为元，乡试第一为解元，会试第一为会元，殿试第一为状元。“及第”就是科举考试进入了第次。“状元及第”就是考中了状元，这就等于得到了功名和高官厚禄，这是大喜大庆之事。因此，状元要骑马游街三日，以昭告世人并表示祝贺。“状元及第”雕刻图案不尽相同，但多是戴冠（官）童子手持如意骑在马上。

状元及第　45×45×12cm×2

蟾宫折桂

蟾宫折桂，现在是一个成语。蟾宫是指月宫，折桂是指攀折月宫中的桂枝。科举时代比喻应考得中。月宫里面攀折桂枝怎么能和科举考试联系起来呢？原来这有出典。据《晋书》记载：有一位名郗诜的左丞相，晋武帝问他自我评价如何，他说："我就像月宫里的一段桂枝，昆仑山上的一块宝玉。"以此来比喻自己是出众的人才。唐朝以后，科举盛行，"蟾宫折桂"便被人们用来比喻考中进士了。因此，在木雕中凡是应考的图像，一般就题作"蟾宫折桂"，以此表示祝福应考者高中。

左：蟾宫折桂　右：夫贵妻荣　60×40×13cm×2

春风得意

按字面讲，这个成语所表达的意思是在和暖的春风里心情舒适、洋洋得意。但他的本意则是指旧时科举考试得第后的高兴心情，后来也用以形容官运亨通或事情办成后的喜悦。这个成语的出典是唐朝孟郊的一首诗。孟郊年轻时无意为官，到了四十岁才去应试，前两考都不中，直到第三考才登科。他当时高兴地即兴赋诗一首，题作《登科后》，其中有两句云："春风得意马蹄疾，一日看尽长安花。"从此后人便用"春风得意"来形容仕途顺利、功成名就。这个内容在木雕中的表现常是在春天里一个小孩骑马放风筝，也有只刻放风筝的，而实际上表达的是对金榜题名或事业成功的祝贺。

春风得意　50×50×15cm×2

打马游街

打马游街是古代科举考试金榜题名者衣锦还乡时的一种庆祝形式和场面：新科状元身披绣绫红花，头顶帏罗锦罩，骑上一匹高头大马，身边随从前呼后拥，状元在群众的欢呼声中春风得意，威风八面。

打马游街　65×40×12cm×2

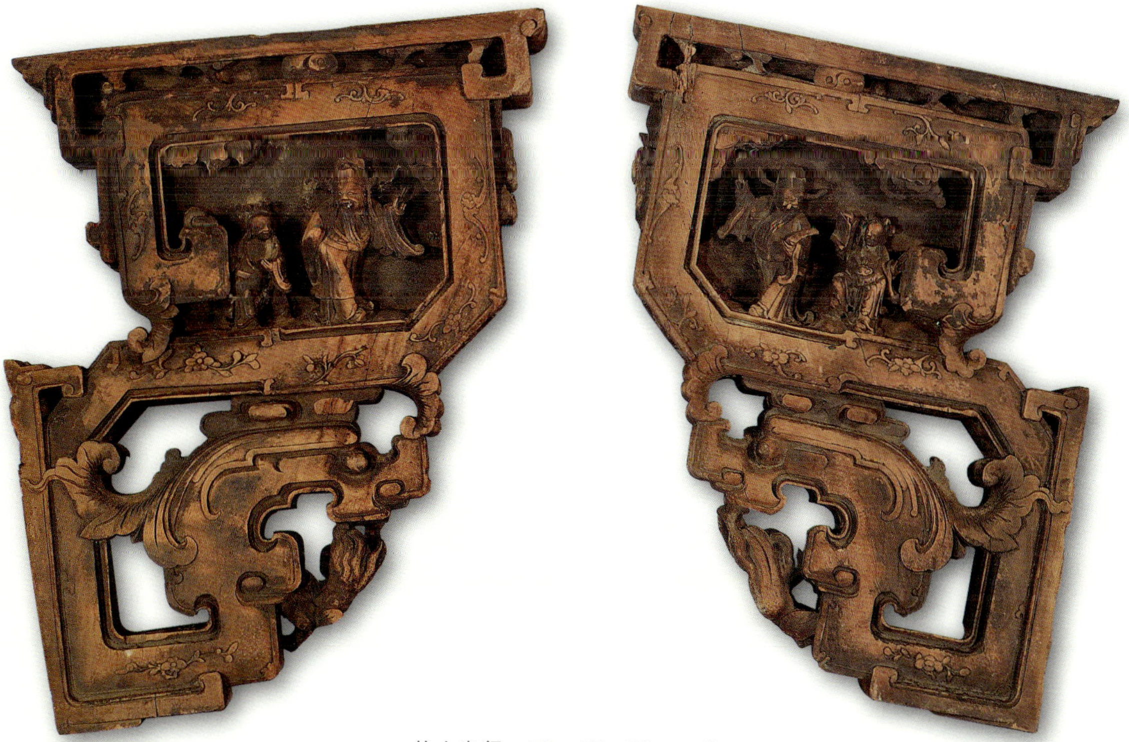

壮士出行　55×45×13cm×2

出行　65×45×15cm×2

衣锦还乡

这是一个很普通的成语，意思是说人在外地做了官、发了财，荣华富贵了，穿着漂亮的衣服回到家乡。如果要细究一下这个成语的来历，倒也还有典故。秦朝末年，项羽和刘邦一起起义，意欲灭亡秦朝。项羽首先打到咸阳，有人劝他马上定都关中。但项羽农民意识严重，目光短浅，思乡心切，他说："富贵不归故乡，如衣绣夜行，谁知之者！"意思是说："我今天富贵啦，如果不回到家乡，就等于穿着漂亮的衣服在夜里行走，谁能看见知道！"根据项羽这个意思，人们就说那种富贵不回乡的人是"衣锦夜行"，反过来富贵了回到家乡就叫"衣锦还乡"。在《南史》上就首先使用到这个成语，武帝送他的大臣回乡时说："卿衣锦还乡，朕西顾无忧矣！"从此"衣锦还乡"便成了光宗耀祖、显赫于世的一件事，也成了人们的祝贺和期盼。

衣锦还乡（额枋） 38×80×6cm

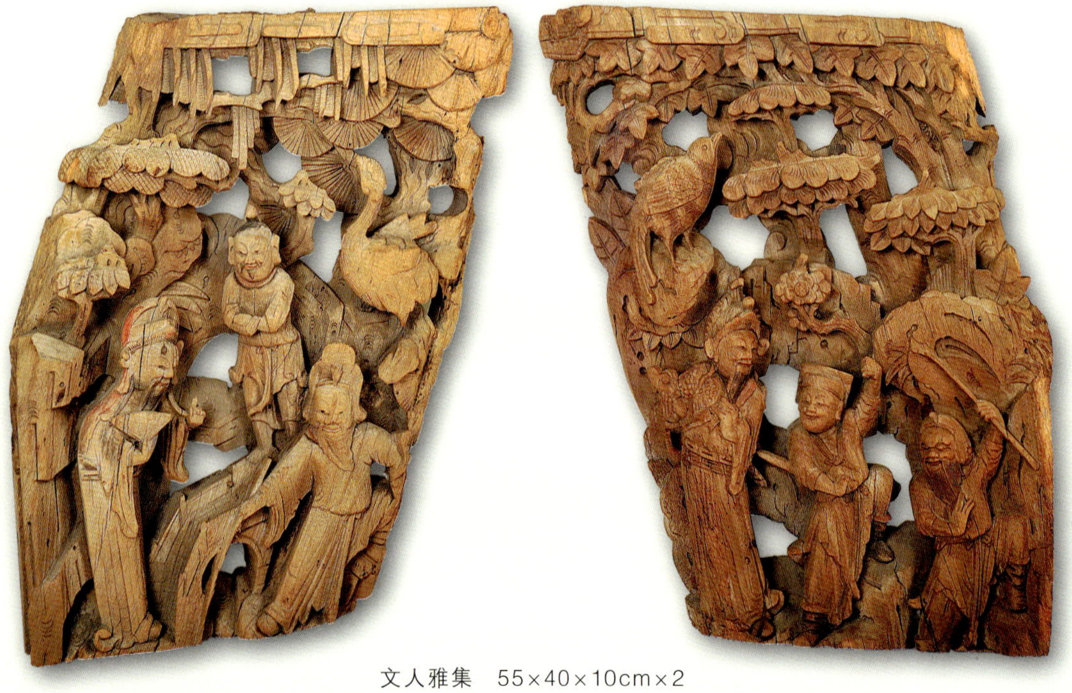

文人雅集 55×40×10cm×2

官登太师

古代辅佐帝王执掌国家军政大权的最高官员有太师、太傅、太保三个官职，而太师居其首。木雕中常见一位官员骑在威武的狮子上的造型，“狮”就是“太师”的谐音，人骑在狮子上，就是寓意做官登上了太师的地位。这是一种美好的祝愿和期望。

官登太师　68×35×14cm×2

官登太师　61×39×14cm×2

官登太师　54×42×19cm×2

官登太师　56×40×12cm×2

官登太师　56×37×11cm×2

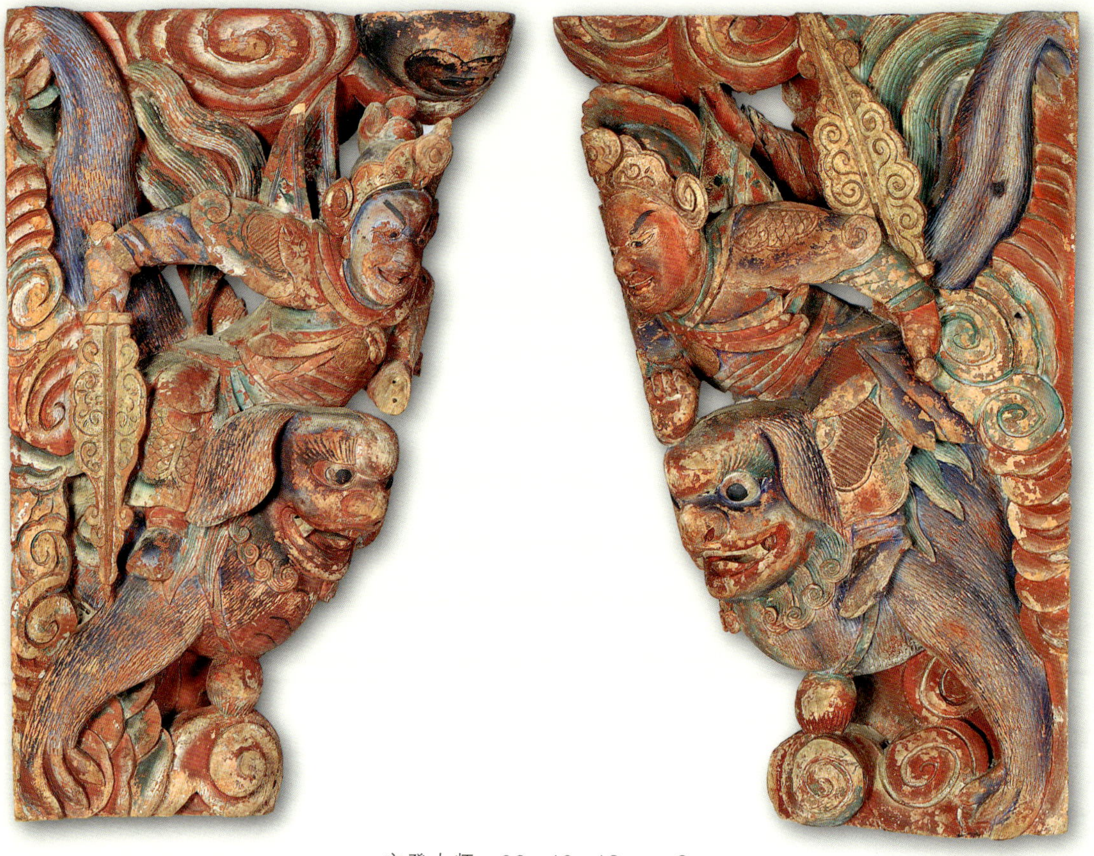

官登太师　60×40×13cm×2

官登太师　55×45×15cm×2

官登太师　50×45×15cm×2

官登太师　60×45×15cm×2

马上登基　45×45×12cm

官登太师　60×50×15cm×2

官登太师　65×50×13cm×2

加官受禄　50×40×10cm×2

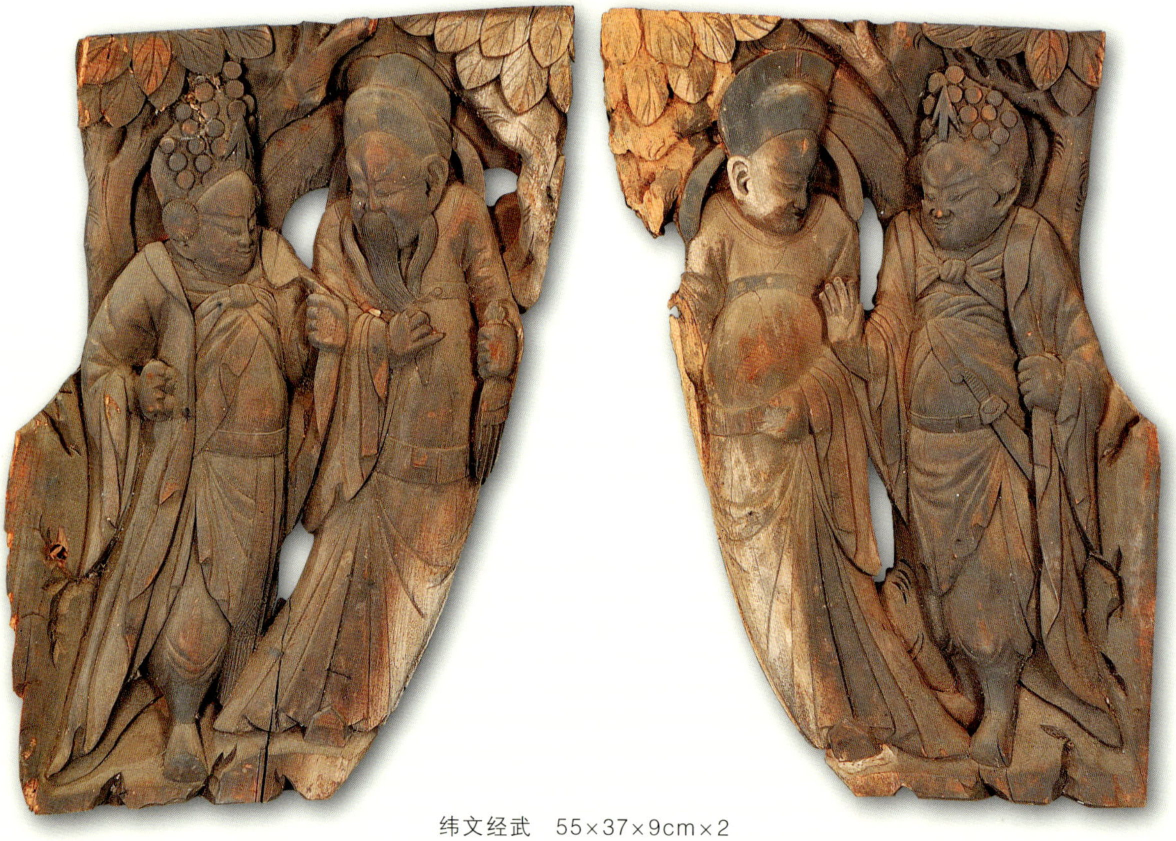

纬文经武　55×37×9cm×2

加官晋爵　55×38×10cm×2

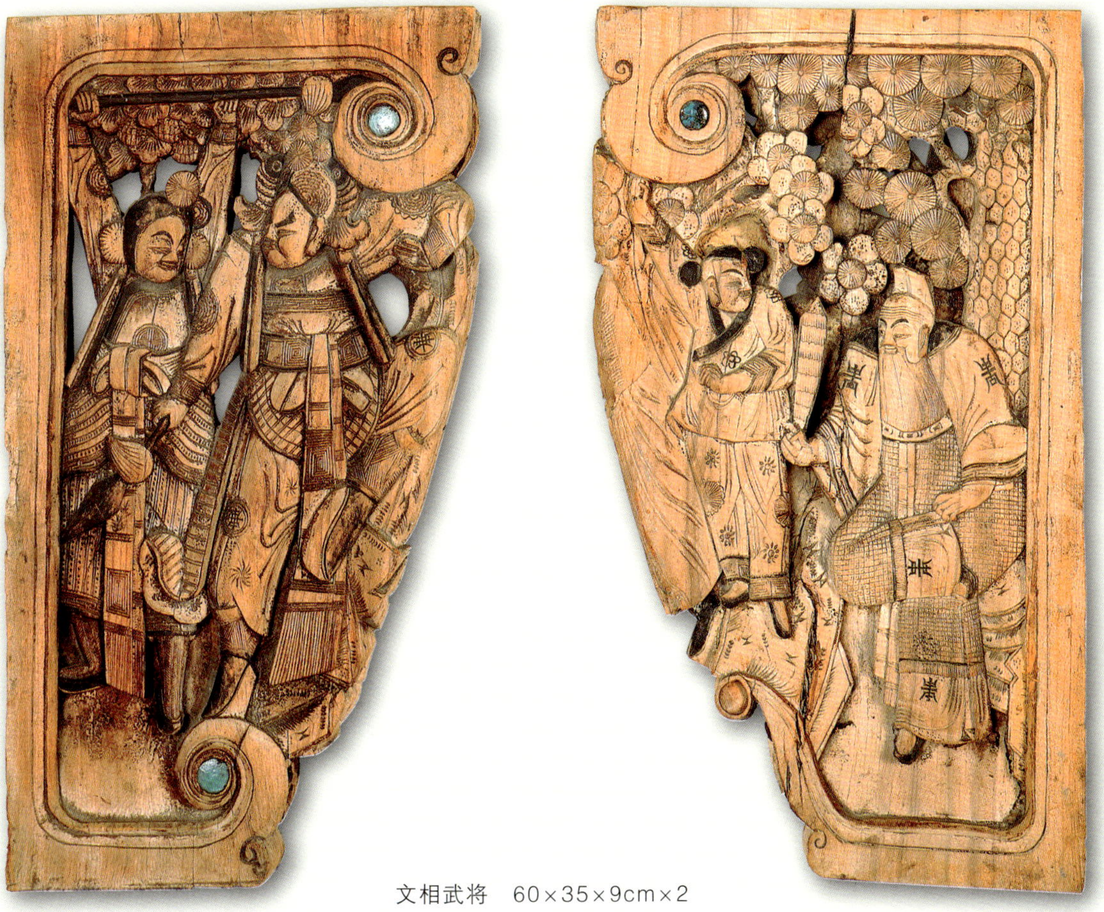

文相武将　60×35×9cm×2

左辅右弼

“辅”和“弼”本指辅佐帝王或太子的官，引申为身边辅佐、帮助的人。木雕中“左辅右弼”的画面，即是对帝王权势的宣扬，而更多的是对“辅”和“弼”的赞扬，因为能辅佐帝王的人自然也是官位显赫的。

左辅右弼　70×35×10cm×2

富贵妻荣　50×45×10cm×2

左：夫贵妻荣　右：双进士　70×30×9cm×2

左辅右弼　65×30×9cm

夫妇和顺　65×40×13cm

左辅右弼（公才公望）　60×35×9 cm×2

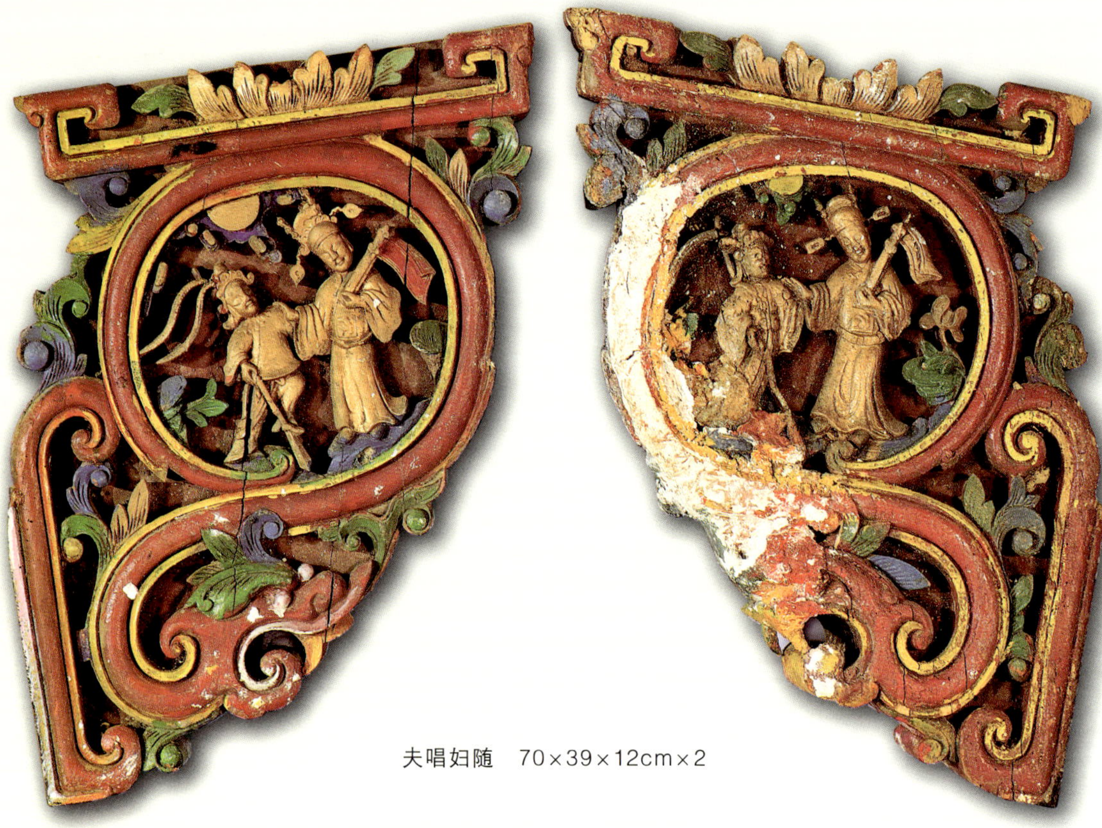

夫唱妇随　70×39×12cm×2

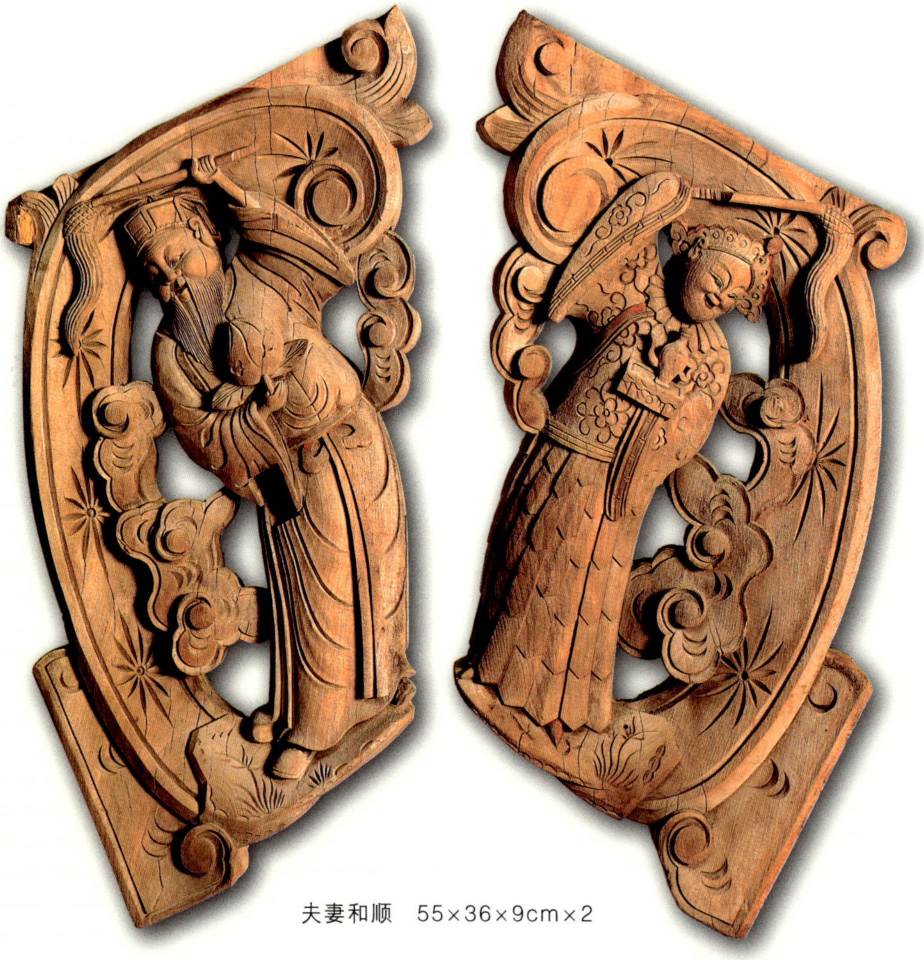

夫妻和顺　55×36×9cm×2

上：平安富贵　下：戏文人物　55×36×9cm×2

吉（戟）庆平（瓶）安　55×40×8cm×2

合家平安　60×35×15cm×2

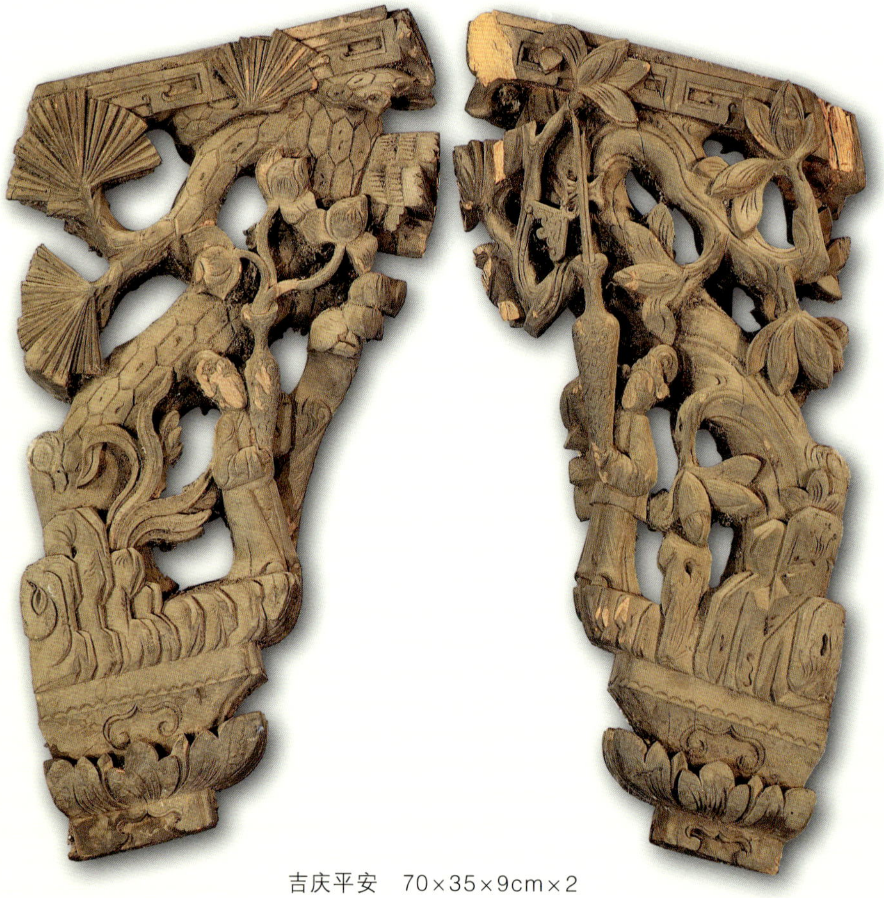

吉庆平安　70×35×9cm×2

合家平安　60×40×13cm

钟鸣鼎食人家

古代豪门贵族吃饭时要奏乐击钟，用鼎盛着各种食品（鼎，古代炊具），所以，“钟鸣鼎食”就用来形容权贵人家的豪奢排场，也用来形容富贵人家生活的奢侈豪华。

钟鸣鼎食人家　65×44×11cm×2

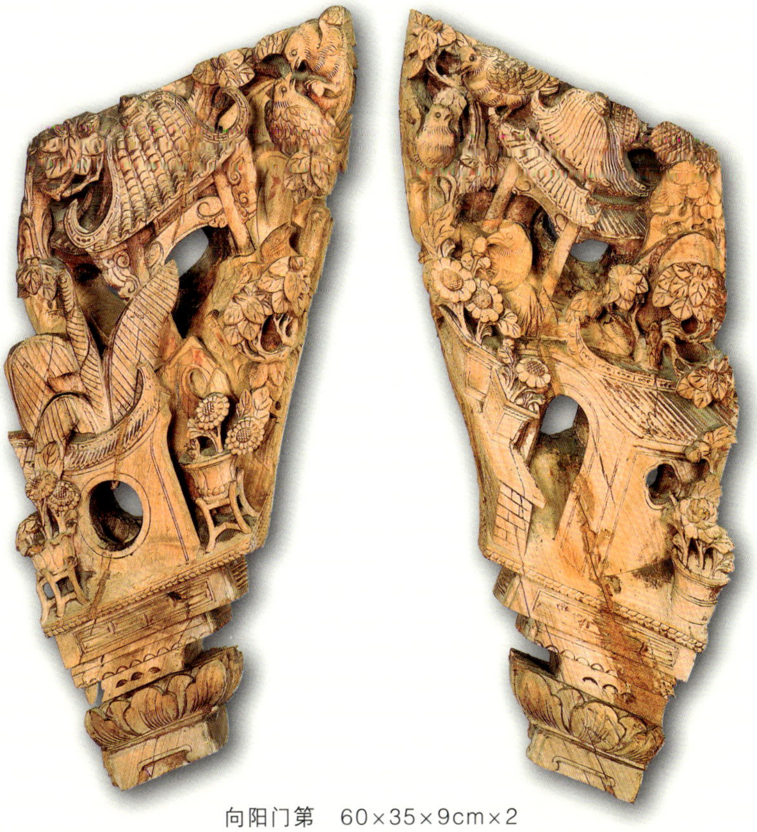

向阳门第　60×35×9cm×2

凤鸣人家　70×35×10cm×2

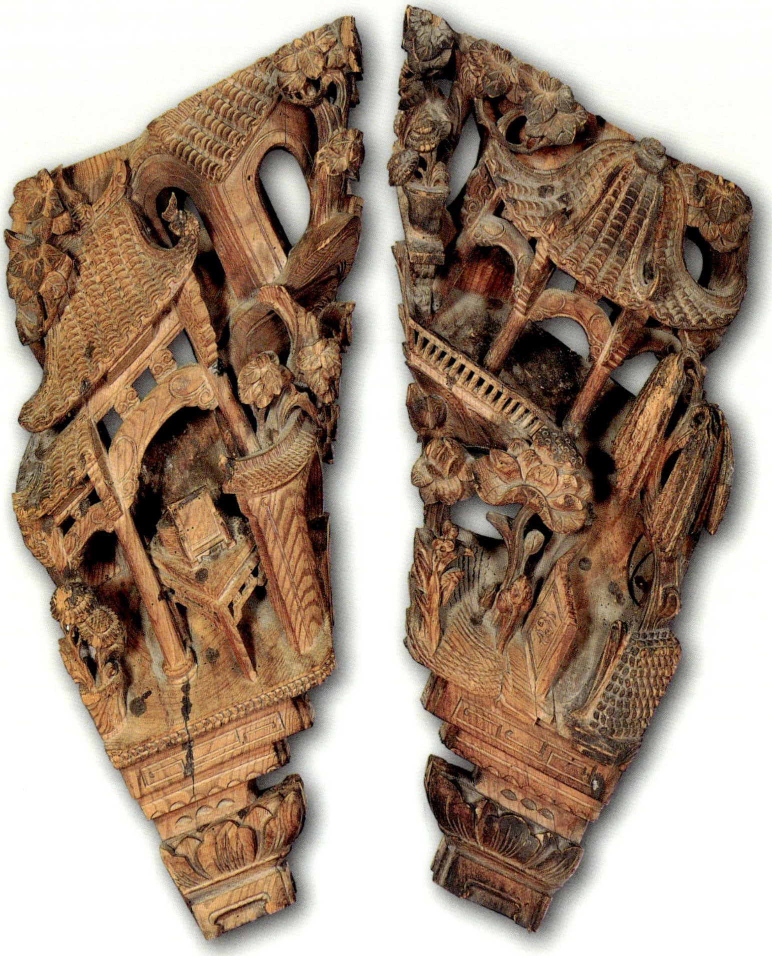

吉祥平安人家　70×35×12cm×2

喜庆气象　61×36×12cm×2

喜庆人家　60×42×12cm×2

喜庆人家　60×42×12cm×2

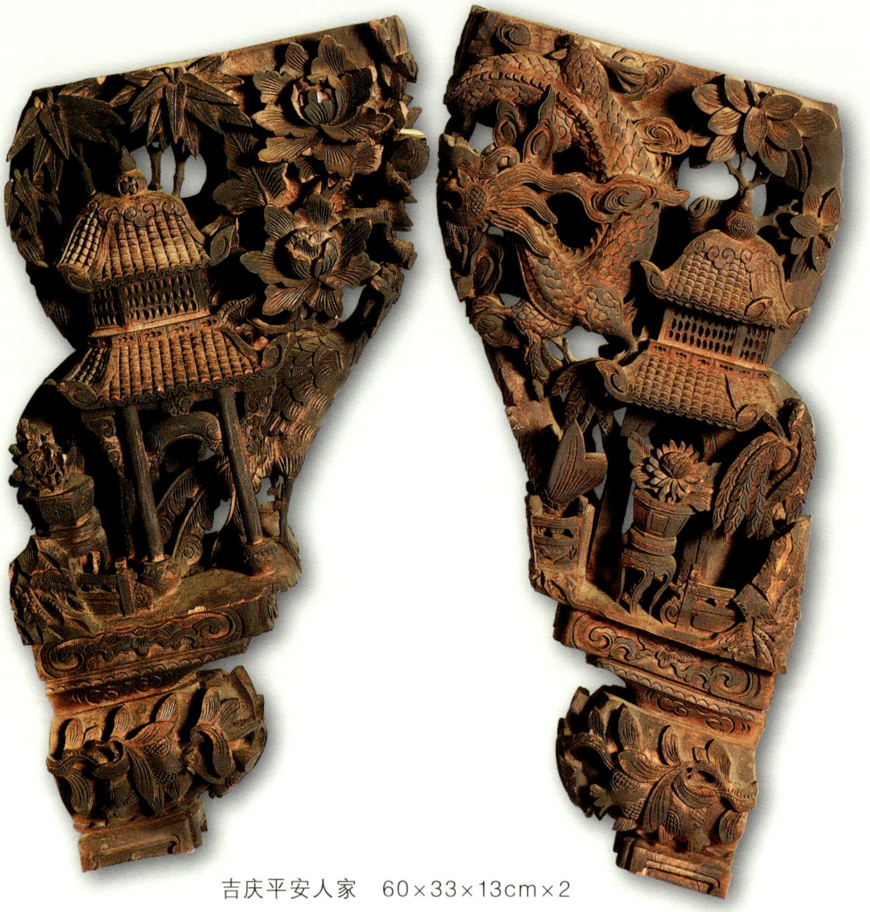

吉庆平安人家　60×33×13cm×2

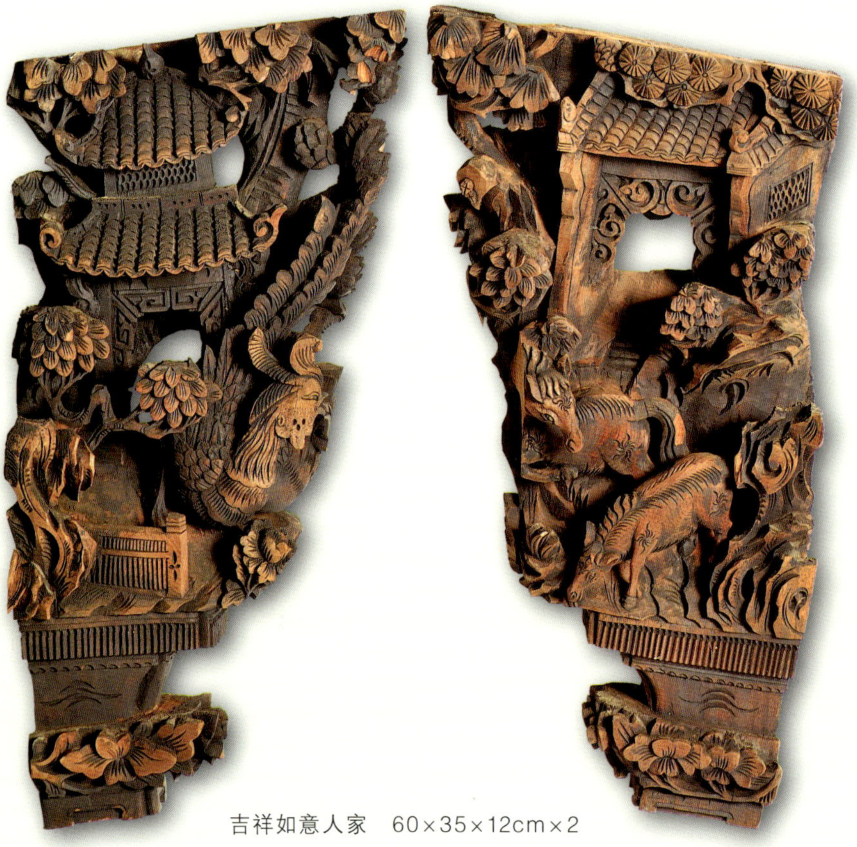

吉祥如意人家　60×35×12cm×2

附：同里世德堂部分雕刻

世德堂在苏州吴江区同里古镇，是民营企业家陈金根先生家精心打造的又一处古建筑景点。世德堂本是明末清初曹姓老宅所在，其后裔于清朝道光年间建成商业店面。历经风雨，保存下来。2008年为陈金根收购。经认真修建，现在占地五亩，建筑面积约五千平方米，前后“五进”，依次为：墙门、轿厅、大厅、堂楼、后楼和下房，仍保持其原汁原味的明清建筑风格。其木雕、砖雕精美可观，最具艺术价值。“遗安世泽”、“崇朴尚俭”、“世德燕贻”三座门楼砖雕更是世德堂的雕刻亮点。世德堂现已辟为高级宾馆。兹选出部分雕刻及陈设附于本书之后，以飨读者。

砖雕门楼

同里世德堂部分雕刻

第一进入门雕饰

第二进雕刻装饰

第四进窗雕

厅堂布局

挂落

梁柱雕刻

窗板雕刻

裙板花雕

龙凤砖雕（2010年代表苏州砖雕在上海世博会上参展）

龙凤砖雕（2010年代表苏州砖雕在上海世博会上参展）

门神

后记

在兴办企业之余，我喜欢收藏。大凡奇石古木、石桥石础、古建构件等等，我都收而藏之。其中，除奇石之外，牛腿收藏尤富。几十年来，我走遍江浙赣皖，在民间收得明清至民国之际的牛腿二千多件，苍老古朴，美轮美奂。这些牛腿，虽然仅仅只是房屋建设上的小构件，但它记载的是建筑历史，展现的是木雕艺术，弥足珍贵。最近，我精选出四百多对，公开出版发行，目的是保存古建史料，同时将这些精美的木雕艺术与同好和世人分享。目前，尚未看到公开出版的系统专门介绍牛腿的书籍，因此，这本书就显得更为珍贵。在寻访、收藏这些木雕的过程中，我的同事不辞千里辛劳，有时风雨兼程、日夜兼程，为觅得宝物，做出了积极努力；在编辑这本书的过程中，为了对木雕艺术的知识掌握得更丰富、更准确，我们走访了浙江东阳博物馆、江西婺源博物馆、安徽绩溪三雕博物馆、江苏吴江博物馆等单位和这些省份的民间村落、古玩市场，走访了许多雕花工匠，得到了他们的大力支持和帮助；我们的工作班子和许多朋友也为本书的编纂、出版付出了心血。在此我对大家一并表示诚挚的感谢。

但是，由于没有更多这方面的专业书籍可供参考，从某种程度上说，我们这本书带有开创的性质，因此缺点和不足在所难免。我竭诚欢迎专家和广大读者提出批评和意见，以便将来有机会再版时，能把牛腿的内容展现得更加完美。

我是吴江静思园的主人。静思园被世人公认为当代江南最大的私家园林，被国家有关部门批准为旅游AAAA景区，一年四季游人如织。园中奇石林立，曲水回环，花木蓊郁，美不胜收。还有奇石展览馆、木雕博物馆等，皆可供游人流连观赏。为此，我也竭诚欢迎各方朋友来静思园做客，游览参观，切磋探讨，共同享受园林之美、奇石之美、木雕之美！阳春三月，江南草长，杂花生树，群莺乱飞，当其时也，静思园欢迎您！

陈金根

2013年3月

图书在版编目（CIP）数据
静思园珍藏·木雕牛腿／陈金根主编．—上海：上海人民美术出版社，2013.9
ISBN 978-7-5322-8647-8
Ⅰ．①静…　Ⅱ．①陈…　Ⅲ．①木雕—牛腿（结构构件）—建筑艺术—中国　Ⅳ．①TU-852
中国版本图书馆CIP数据核字(2013)第210428号

静思园珍藏·木雕牛腿

主　　编　陈金根
责任编辑　林伟光　张　燕
图片摄影　蒋家宏　陈健行
装帧设计　长　岛
出版发行　上海人民美術出版社
社　　址　长乐路672弄33号
印　　刷　上海界龙艺术印刷有限公司
开　　本　635×965　1/8
印　　张　39
版　　次　2013年9月第1版　第1次印刷
书　　号　ISBN 978-7-5322-8647-8
定　　价　420.00元